饲料
安全基础知识

刘进远 主编

合理选择　　正确使用

安全加工　　安全贮存

四川科学技术出版社

图书在版编目（CIP）数据

饲料安全基础知识 / 刘进远主编. -- 成都：四川
科学技术出版社，2018.2（2018.11重印）
ISBN 978-7-5364-8880-9

Ⅰ.①饲… Ⅱ.①刘… Ⅲ.①饲料 – 安全管理 Ⅳ.
①S816

中国版本图书馆CIP数据核字(2017)第288745号

饲料安全基础知识

主　编　刘进远

出 品 人　钱丹凝
责任编辑　何　光
封面设计　张维颖
责任出版　欧晓春
出版发行　四川科学技术出版社
　　　　　成都市槐树街2号　邮政编码 610031
　　　　　官方微博：http://e.weibo.com/sckjcbs
　　　　　官方微信公众号：sckjcbs
　　　　　传真：028-87734035
成品尺寸　**146mm × 210mm**
印　　张　**8.75　字数 200 千**
印　　刷　成都市新都华兴印务有限公司
版　　次　2018年2月第一版
印　　次　2018年11月第二次印刷
定　　价　**38.00元**

ISBN 978-7-5364-8880-9

邮购：四川省成都市槐树街2号　邮政编码：610031
电话：028-87734035　电子信箱：sckjcbs@163.com

《饲料安全基础知识》编委会

内容提要

　　为普及饲料安全基础知识，提高人们对饲料安全的认识，本书主要介绍饲料安全基础知识。该书共分六部分，第一部分简要介绍饲料原料、饲料添加剂、饲料产品、饲料营养、饲料质量、饲料加工、饲料安全等概念，并对主要概念进行了解释；第二部分主要介绍饲料分类、主要饲料原料、饲料添加剂的基础知识；第三部分从能量、蛋白质和氨基酸、碳水化合物、脂肪、矿物质、维生素、水以及营养需要与饲养标准等方面介绍营养基础知识；第四部分介绍影响饲料安全的人为因素、自然因素和生物技术因素；第五部分讲解饲养认识的一些误区，并介绍安全高效使用饲料知识；第六部分简要介绍饲料管理规定。附录收集了与饲料安全相关的主要标准和规范等内容。

　　该书知识性强、语言通俗易懂、简明扼要，可供畜禽养殖人员、养殖场主、新型职业农民、基层畜牧兽医工作者使用和参考。

前　言

饲料是人类饲喂动物的食物总称，也是人类间接的食品，直接关系到动物的健康和生长、产品安全和环境安全。近年来，由饲料安全问题引发的食品安全事件时有发生，饲料安全引起广大民众和各级管理人员的关注，成为社会舆论的热点，导致部分人对饲料的误解，认为使用饲料饲喂的畜禽就不安全，甚至部分畜禽养殖者也不能正确认识饲料，误传饲料对畜禽产品的影响。为增强相关人员科学认识饲料的水平，本书介绍饲料安全基本概念、饲料和营养基础知识、影响饲料安全的主要因素、饲料认识误区以及主要管理规定等饲料安全的相关知识。

本书知识性强，可供从事畜禽养殖的技术人员、工人、适度规模养殖者、新型职业农民和基层畜牧兽医工作者使用。

本书在编写过程中，参考了一些专家、学者撰写的文献资料，在此向原作者表示感谢。本书能够顺利出版，感谢四川省科学技术厅科技培训计划项目 [2016KZ0089] 的资助。由于编写人员水平有限，书中难免有疏漏和不足之处，敬请读者批评指正。

编　者

目　　录

第一部分 饲料基本概念及释义

概念是构成科学理论知识体系的基本单位，是基本的科学理论知识，是反映事物本质属性的思维形式，人类在认识过程中，从感性认识上升到理性认识，把所感知的事物的共同本质特点抽象出来，加以概括，就成为概念。概念必须明确，如果不明确，人们就会无所适从，无法进行交流。本部分将饲料的基本概念进行分类和释义，有助于更好地宣传和推广饲料安全基础知识。

一、饲料原料基本概念和释义

1. 饲料原料

饲料原料是指来源于动物、植物、微生物或者矿物质，用于加工制作饲料但不属于饲料添加剂的饲用物质。农业部制定了《饲料原料目录》（中华人民共和国农业部公告第 1773 号）及修订列表，饲料生产企业所使用的饲料原料应属于该目录规定的品种，并符合目录的相关要求。

2. 单一饲料

单一饲料是指来源于一种动物、植物、微生物或矿物质，用于饲料产品生产的饲料。如玉米、豆粕、菜籽粕、鱼粉、麦麸、次粉等。部分单一饲料生产经营需要获得生产许可证。

3. 新饲料

新饲料是指我国境内新研制开发的尚未获批准使用的单一饲料。

4. 能量饲料

能量饲料是指干物质中粗纤维含量（质量分数）低于18%，粗蛋白含量（质量分数）低于20%的饲料，谷实类饲料属于能量饲料，如玉米、小麦、稻谷、大麦、高粱和燕麦等。

5. 蛋白质饲料

蛋白质饲料是指干物质中粗纤维含量低于18%，粗蛋白含量（质量分数）等于或高于20%的饲料，如豆粕、棉粕、DDGS等。

6. 粗饲料

粗饲料是指天然水分含量（质量分数）在60%以下，干物质中粗纤维含量（质量分数）等于或高于18%的饲料。如牧草、农作物秸秆、酒糟等。粗饲料的特点包括粗纤维含量（质量分数）可达25%～45%，可消化营养成分含量低，有机物消化率70%以下，质地粗硬，适口性差。不同类型粗饲料粗纤维组成不一，但大多数由纤维素、半纤维素、木质素、果胶、多糖醛和硅酸盐等组成，其组成比例又常因植物生长阶段变化而不同。

7. 饼粕类饲料

饼粕类饲料是油料籽实提取大部分油脂后的加工副产品，包括豆饼、花生饼、棉籽饼、菜籽饼、芝麻饼、向日葵饼、粕类等。

8. 糠麸类饲料

糠麸类饲料是谷物经加工后形成的一些副产品，主要由种皮、外胚乳、糊粉层、胚、颖稃纤维残渣组成，包括米糠、小麦麸、大麦麸、玉米糠、高粱糠等。

9. 干草

干草是指青草或栽培青绿饲料的生长植株地上部分在未结籽实前刈割下来，经一定干燥方法制成的粗饲料。干草是草食动物最基本、最主要的饲料，是食草动物必备的饲料。如豆科类苜蓿干草、三叶草和草木樨等，以及禾本科类羊草、冰草、黑麦草、无芒雀麦、鸡脚草及苏丹草等。

10. 秸秆

秸秆是指作物籽实收获后的茎秆和残存叶片，主要包括稻草、玉米秸、麦秸、豆秸、藤蔓等。

11. 秕壳

秕壳是指包被作物籽实的颖壳、荚皮和外皮等成分，主要包括豆荚类、谷类皮壳和其他秕壳（如花生壳、棉籽壳）。

12. 单细胞蛋白

单细胞蛋白是指由酵母、细菌、霉菌、藻类等所生成的蛋白质，如酵母蛋白、细菌蛋白和藻类蛋白等。

13. 转基因饲料

转基因饲料是指来源于农业转基因生物及其衍生产品的饲料。农业转基因生物，是指利用基因工程技术改变基因组构成，用于农业生产或者农产品加工的动植物、微生物及其产品，主要包括：（1）转基因动植物和微生物；（2）转基因动植物、微生物产品；（3）转基因农产品的直接加工品；（4）含有转基因动植物、微生物或者其产品成分的种子、种畜禽、水产苗种、农药、兽药、肥料和添加剂等产品。目前，国际上被批准商业化生产的转基因生物 90% 以上是转基因作物。当前所说的转基因饲料主要是指转基因植物性饲料，主要包括转基因玉米、转基因大豆、转基因棉籽和转基因油菜及其加工副产物。

14. 青绿饲料

青绿饲料是指天然水分含量等于或高于 60% 的青绿多汁饲料。主要包括天然牧草、人工栽培牧草、青饲作物、叶菜类、非淀粉质根茎瓜类、水生植物及树叶类等。青绿饲料的营养特性：水分含量高、蛋白质含量较高；品质较优、粗纤维含量较低；

维生素含量丰富，幼嫩、柔软和多汁，适口性好，易于消化。

15. 青贮饲料

青贮饲料是指将新鲜的青饲料切短，在密闭青贮设施(窖、壕、塔、袋等)中，或经乳酸菌发酵，或采用化学制剂调制，或降低水分而保存的青绿多汁饲料。包括普通青贮或高水分青贮、半干青贮、添加剂与保存剂青贮、高水分谷物青贮，如玉米青贮、青草青贮等。青贮饲料能够保存青绿饲料的营养特性，可以四季供给家畜青绿多汁饲料；消化性强，适口性好；单位容积内贮量大；受环境条件影响小；调制方便，可以扩大饲料资源等优点。

16. 动物源性饲料

动物源性饲料是指以动物或动物副产品为原料，经工业化加工制作的单一饲料。这类饲料包括畜禽屠宰场副产品、水产制品、乳制品、蛋制品及蚕丝工业副产品等。具体动物源性饲料产品见表1。它们具有高蛋白质含量及生物学价值、矿物元素及B族维生素含量丰富等特点，是畜、禽、鱼类等动物饲料的重要原料。动物源性饲料禁止用于饲喂反刍动物。

表1　动物源性饲料产品目录

序号	种　类
1	肉粉（畜和禽）、肉骨粉（畜和禽）
2	鱼粉、鱼油、鱼膏、虾粉、鱿鱼肝粉、鱿鱼粉、乌贼膏、乌贼粉、鱼精粉、干贝精粉
3	血粉、血浆粉、血球粉、血细胞粉、血清粉、发酵血粉
4	动物下脚料粉、羽毛粉、水解羽毛粉、水解毛发蛋白粉、皮革蛋白粉、蹄粉、角粉、鸡杂粉、肠黏膜蛋白粉、明胶
5	乳清粉、乳粉、巧克力乳粉、蛋粉
6	蚕蛹、蛆、卤虫卵
7	骨粉、骨灰、骨炭、骨制磷酸氢钙、虾壳粉、蛋壳粉、骨胶
8	动物油渣、动物脂肪、饲料级混合油

二、饲料添加剂基本概念和释义

1. 饲料添加剂

饲料添加剂是指为满足特殊需要而在饲料加工、制作、使用过程中添加的少量或者微量物质。饲料添加剂包括营养性饲料添加剂和非营养性添加剂，非营养性添加剂又分为一般饲料添加剂和饲料药物添加剂。添加饲料添加剂的主要目的是为了完善、强化动物饲料的营养价值、提高饲料的利用率、增进动物健康、促进动物生长发育、延长饲料的保质期、改变动物产品品质以及降低动物排泄污染等。

2. 新饲料添加剂

新饲料添加剂是指我国境内新研制开发的尚未获批准使用的饲料添加剂。

3. 混合型饲料添加剂

混合型饲料添加剂是指由一种或一种以上饲料添加剂与载体或稀释剂按一定比例混合，但不属于添加剂预混合饲料的饲料添加剂产品。包含三方面意思：一是无论怎么混，首先原料一定来源于已获得饲料添加剂生产许可证企业生产的饲料添加剂产品。二是一种及一种以上饲料添加剂混合，既可以是单一饲料添加剂稀释（与载体混合），例如氧化锌加载体进行稀释；也可以是两种及两种以上饲料添加剂的混合，如芽孢杆菌与低聚木糖混合。三是产品的功效侧重于功能性，不属于添加剂预混合饲料范畴，而添加剂预混合饲料产品功效侧重于营养性。

4. 营养性饲料添加剂

营养性饲料添加剂是指饲料中原有但量不足，需要额外添加，用于补充饲料营养素不足的添加剂，主要包含氨基酸、维生素、矿物元素、非蛋白氮等。营养性饲料添加剂是畜禽生长需要的重要物质。

5. 氨基酸添加剂

氨基酸添加剂是指在饲料中用来平衡或补足某种特定生产目的所要求的营养性物质。氨基酸是构成蛋白质的基本单位。蛋白质营养的实质是氨基酸营养。氨基酸营养的核心是氨基酸之间的平衡。天然饲料的氨基酸含量差异很大，各不相同，几乎都不平衡。由不同种类、不同配比天然饲料构成的配合饲料，无法平衡氨基酸，需要添加外源氨基酸添加剂来平衡或补足某种特定生产目的所要求的需要量。氨基酸添加剂主要包括氨基酸、氨基酸盐及其类似物，氨基酸如 *L-* 赖氨酸、*L-* 色氨酸、*DL-* 蛋氨酸等，氨基酸盐如半胱胺酸盐，类似物如蛋氨酸羟基类似物。

6. 维生素添加剂

维生素添加剂是指在饲料中补充维生素不足的营养性物质，包括水溶性维生素添加剂和脂溶性维生素添加剂。水溶性维生素是能在水中溶解的维生素，常是辅酶或辅基的组成部分，其中包括在酶的催化中起着重要作用的 B 族维生素以及维生素 C（抗坏血酸）等。脂溶性维生素是指不溶于水而溶于脂肪及有机溶剂的维生素，包括维生素 A、维生素 D、维生素 E、维生素 K。脂溶性维生素可在体内大量贮存，主要贮存于肝脏部位，因此摄入过量会引起中毒。

7. 矿物元素添加剂

矿物元素添加剂是指在饲料中用来平衡或补充矿物元素不足的营养性物质。矿物元素添加剂分为常量矿物元素添加剂和微量矿物元素添加剂。常量矿物元素是指在有机体内含量占体重 0.01 % 以上的矿物元素，这类元素在体内所占比例较大，有机体需要量较多，是构成有机体的必备元素，如钠、钙、磷、钾、镁等。常量矿物元素添加剂是含有常量元素的物质，如碳酸钙、食盐、磷酸氢钙均为常量矿物元素添加剂。微量矿物元素，在机体中存在量极少，通常指低于体重 0.01% 的矿物质，如铁、铜、锰、锌。微量矿物元素添加剂是指含有微量矿物元素的添加剂，如硫酸铜、硫酸锌、蛋氨酸铜、氨基酸锰络合物等均为微量矿物元素添加剂。

8. 非蛋白氮添加剂

非蛋白氮添加剂是指不具有氨基酸肽键结构的其他含氮化合物的总称，包括尿素、磷酸脲、双缩脲、氨、铵盐及其他合成的简单含氮化合物。

9. 非营养性添加剂

非营养性添加剂是指为保证或改善饲料品质，促进动物生长，保障饲养动物健康，提高饲料利用率而掺入饲料的少量和微量物质，包括酶制剂、微生物，抗氧化剂，防腐剂、防霉剂和酸度调节剂，着色剂，调味和诱食物质，黏结剂、抗结块剂、稳定剂和乳化剂，多糖和寡糖及其他添加剂。

10. 酶制剂

酶制剂是指从生物中提取的具有酶特性的一类物质，饲用酶制剂是以酶为主要功能因子并通过特定生产工艺加工而成的饲料添加剂。其作用主要降低饲料中营养因子、补充动物体内内源酶的不足，降低食糜黏度，提高饲料的消化率和吸收率。饲用酶制剂按其特性及作用主要分为外源性消化酶和外源性降解酶两大类。现在批准在饲料中使用的酶制剂有淀粉酶、α- 半乳糖苷酶、β- 葡聚糖酶、葡萄糖氧化酶、脂肪酶、麦芽糖酶、β- 甘露聚糖酶、果胶酶、植酸酶、蛋白酶、角蛋白酶、木聚糖酶、纤维素酶等 13 种酶。

11. 复合酶制剂

复合酶制剂是指由两种或两种以上的酶复合而成的物质，包括蛋白酶、脂肪酶、淀粉酶和纤维素酶等。

12. 微生物饲料添加剂

微生物饲料添加剂是指允许在饲料中添加或直接饲喂给动物的微生物或微生物及其培养物，参与调解胃肠道内微生态平衡或者刺激特异性或者非特异性免疫功能，具有促进动物健康、或促进动物生长、或提高饲料转化率的微生物制剂，如芽孢杆菌、乳酸杆菌等。

13. 抗氧化剂

抗氧化剂是指为防止饲料中某些活性成分被氧化变质而掺入饲料中的添加剂。

14. 防腐剂

防腐剂是指为延缓或防止饲料发酵、腐败而掺入饲料中的添加剂。

15. 防霉剂

防霉剂是指为防止饲料中霉菌繁殖而掺入饲料中的添加剂。

16. 酸度调节剂

酸度调节剂亦称 pH 值调节剂，是用以维持或改变饲料酸碱度的物质。

17. 着色剂

着色剂是指为改善动物产品或饲料色泽而掺入饲料中的添加剂。

18. 调味剂

调味剂是指用于改善饲料适口性，增进饲养动物食欲的添加剂。

19. 黏结剂

黏结剂是指为提高粉状饲料成型以及颗粒饲料抗形态破坏

能力而掺入饲料中的添加剂。

20. 抗结块剂

抗结块剂是指饲料中添加的防止饲料结块，使饲料和添加剂保持良好流散性的化学物质。

21. 稳定剂

稳定剂是指能增加饲料的稳定性能的化学物质。

22. 稀释剂

稀释剂是指与高浓度组分混合以降低其浓度的可饲物质。

23. 除臭剂

除臭剂是指为减少动物排泄物中臭味而加入饲料中的添加剂。

24. 载体

载体是指能够承载活性成分，改善其分散性，并有良好的化学稳定性和吸附性的可饲物质。

25. 饲料药物添加剂

饲料药物添加剂是指为促进畜禽生长，提高饲料利用率，预防、治疗动物疾病而掺入载体或者稀释剂的兽药预混合物质。饲料药物添加剂的使用必须严格遵守农业部第 168 号、第 220 号和第 2428 号公告以及相关规定（见附录五）。合理使用饲料药物添加剂不会对畜产品造成危害。

26. 青贮添加剂

青贮添加剂是指为防止青贮饲料腐败、霉变并促进乳酸菌系繁殖，提高饲料营养价值而加入的添加剂。

27. 植酸酶

植酸酶是一种专门作用于植酸的酶，它能将植酸降解并释放出可供动物利用的无机磷。

28. 酸化剂

酸化剂分有机酸化剂和无机酸化剂，常用的有机酸化剂包括乳酸、富马酸、丙酸、柠檬酸、甲酸、山梨酸等。

29. 绿色饲料添加剂

绿色饲料添加剂是指添加在饲料中,具有促进动物生长、提高动物免疫力、改善饲料利用率、减少对环境污染、保证畜禽产品安全等作用且无残留的特定物质,如酶制剂、微生态制剂、免疫增强剂和中草药等。

30. 天然植物饲料添加剂

天然植物饲料添加剂是指以一种或多种天然植物全株或其部分为原料,经物理提取或生物发酵法加工,具有营养、促生长、提高饲料利用率和改善动物产品品质等功效的饲料添加剂。

31. 中草药添加剂

中草药添加剂是指以中草药为原料制成的饲料添加剂,按国家审批和管理归入药物类饲料添加剂。其来源天然、功能多样、安全可靠和经济环保等。具有增强免疫、抑菌驱虫和调整功能,提高动物生产性能,改善饲料品质和动物产品质量等作用。

三、饲料产品基本概念和释义

1. 配合饲料

配合饲料是指根据动物的不同生长阶段、不同生理需求、不同生产用途的营养需要和饲料的营养价值,将多种饲料原料和添加剂按照一定比例和规定的工艺流程生产,以满足其营养需要的饲料。

2. 浓缩饲料

浓缩饲料是指主要由蛋白质、矿物质和饲料添加剂按照一定比例配制的饲料。浓缩饲料再加一定比例的能量饲料(如玉米、小麦等)就是配合饲料。浓缩饲料的蛋白质、矿物质和维生素含量高于动物营养需要,不能直接饲喂动物,需将其按一定比例添加能量饲料配制成配合饲料,方可使用。如猪用浓缩饲料添加比例为 20% 左右，其余为能量饲料。

3. 精料补充料

精料补充料是指为补充草食动物的营养，将多种饲料原料和饲料添加剂按一定比例配制的饲料，主要用于奶牛、肉牛、肉羊等草食动物。如奶牛精料补充料、肉牛精料补充料和肉羊精料补充料，一般单独饲喂或者配制成全混日粮饲喂。精料补充料中禁止添加和使用动物源性饲料。

4. 添加剂预混料

添加剂预混料是指由两种（类）或者两种（类）以上营养性饲料添加剂为主，与载体或者稀释剂按照一定比例配制的饲料，包括复合预混合饲料、微量元素预混合饲料、维生素预混合饲料。

5. 复合预混合饲料

复合预混合饲料是指以矿物质微量元素、维生素、氨基酸中任何两类或两类以上的营养性饲料添加剂为主，与其他饲料添加剂、载体和（或）稀释剂按一定比例配制的均匀混合物，其中营养性饲料添加剂的含量能够满足其适用动物特定生理阶段的基本营养需求，在配合饲料、精料补充料或动物饮用水中的添加量不低于 0.1% 且不高于 10%。

6. 维生素预混合饲料

维生素预混合饲料是指两种或两种以上维生素与载体和（或）稀释剂按一定比例配制的均匀混合物，其中维生素含量应满足其适用动物特定生理阶段的维生素需求，在配合饲料、精料补充料或动物饮用水中的添加量不低于 0.01% 且不高于 10%。

7. 微量元素预混合饲料

微量元素预混合饲料是指两种或两种以上矿物质微量元素与载体和（或）稀释剂按一定比例配制的均匀混合物，其中矿物质微量元素含量能够满足其适用动物特定生理阶段的微量元素需求，在配合饲料、精料补充料或动物饮用水中的添加量不低于 0.1% 且不高于 10%。

8. 加药预混料

加药预混料是指加有一种或多种药物的添加剂预混料。

9. 加药饲料

加药饲料是指掺有为预防、治疗动物疾病、影响动物肌体结构或某种生理功能作用的药物的饲料。加药饲料必须按照《饲料药物添加剂使用规范》等管理规定执行。加药饲料分为两种情况：一是农业部批准的具有预防动物疾病、促进动物生长作用，可在饲料中长时间添加使用的饲料药物添加剂（见附录五表 1），其产品批准文号须用"药添字"；二是农业部批准的用于防治动物疾病，并规定疗程，仅是通过混饲给药的饲料药物添加剂（包括预混剂或散剂，见附录五表 2），其产品批准文号须用"兽药字"，各畜禽养殖场及养殖户必须凭兽医处方购买、使用。

10. 全混日粮（TMR）

全混日粮是指针对反刍动物不同生长和生产阶段，按照生长阶段或生产阶段或生产性能，将其分成不同的群体，根据不同群体的生产（生理）性能，将粗饲料、精料（包括能量饲料、蛋白饲料、农作物副产品，微量元素和维生素等）按照一定比例配合搅拌均匀的营养均衡的混合饲料。

11. 粉状饲料

粉状饲料是指将多种饲料原料经清理、粉碎、配料和混合工序加工而成的粉状产品。这种饲料容易引起动物的挑食，造成浪费。

12. 颗粒饲料

颗粒饲料是指将粉状饲料经调质、挤压出压模模孔制成的规则粒状饲料产品。这种饲料具有密度大、体积小、适口性好、饲料报酬高等特点。

13. 碎粒饲料

碎粒饲料是指将颗粒饲料破碎、筛分得到的不规则小粒状饲料产品。其特点与颗粒料相同，就是由于破碎而使动物的采食速度稍慢。特别适用于蛋鸡、雏鸡和鹌鹑饲用。

14. 块状饲料

块状饲料是指将饲料压制或经化学硬化凝集而成，足以保持块状固体形态的饲料产品。

15. 湿拌饲料

湿拌饲料是指水与饲料的混合物或食品工业液体副产品与常规饲料原的混合物，但不属于液体的饲料。用于直接饲喂畜禽。

16. 液体饲料

液体饲料是指任何液体形态且均匀分散的饲料原料、添加剂和饲料产品，主要包括液体饲料产品（液体代乳品、液体发酵配合饲料）、液体添加剂（液体蛋氨酸异构物、液体维生素等）、液体饲料原料（糖蜜、油、脂等）。我国传统的家庭养猪方法往往采用的就是液体饲料。液体饲料具有适口性好、采食量高、易消化等特点，同时在应用的过程中也具有易酸败等缺点。

17. 膨化饲料

膨化饲料是指使用膨化机在高温、高压、高剪切力情况下生产的饲料。膨化饲料分为部分膨化料和全膨化料。膨化饲料在挤压腔内膨化，实际上是一个高温瞬时的过程，即饲料处于高温（110～200℃）、高压（25～100kg/cm^2）以及高剪切力、高水分（10%～20%甚至30%）的环境中，通过连续混合、调质、升温、增压、熟化、挤出模孔和骤然降压后形成一种膨松多孔的饲料。这类饲料一般是专门为鱼、龟和幼龄动物而生产。膨化饲料能提高饲料的利用率，降低对环境的污染，减少病害的发生，投饲管理方便。同时，膨化饲料造成维生素、酶制剂、微生物制剂以及蛋白质和氨基酸的损失。

18. 发酵饲料

发酵饲料是指在人工控制条件下，微生物通过自身的代谢活动，将植物性、动物性和矿物性物质中的抗营养因子分解或转化，产生更能被动物消化、吸收的饲料原料或饲料产品。

19. 安全饲料

安全饲料是指在合理使用下，对饲养动物、生产者、动物产品消费者和生态环境没有直接的或潜在的不良影响的饲料。

20. 无抗饲料

无抗饲料是指饲料中没有抗生素的饲料，简称无抗饲料。要做到饲料中无抗生素，应主要从两方面进行保证，一是饲料中不添加抗生素，二是所有饲料组分不受抗生素污染，包括植物性及动物性饲料原料以及饲料中各种添加物。目前，我国饲料营养组分种类较多，要做到饲料组分不受抗生素污染有难度，一般所指无抗饲料主要为在饲料配制和使用过程中不使用抗生素类药物添加的饲料。

21. 绿色饲料

绿色饲料是指遵循可持续发展原则，按照特定的产品标准，由绿色生产体系生产的无污染的安全、优质、营养型饲料。要生产绿色饲料，首先必须使用经批准使用的具有绿色产品标志的饲料原料和饲料添加剂。第二，要对生产全过程实施监控，整个生产体系要经过认证达到绿色饲料产品的生产要求。第三，产品经国家指定的认证机构检测认证达到绿色饲料标准要求，并允许在产品上使用绿色饲料产品标志。所以，只有具备上述条件或达到上述要求的饲料才能称为绿色饲料，否则就不是绿色饲料。为保证畜产品的安全性，中国绿色食品发展中心制定了《绿色食品　饲料和饲料添加剂使用准则》。

22. 有机饲料

有机饲料是指由有机生产体系采用有机饲料原料按照有机饲料相关标准进行加工生产的饲料产品，在产品中不得使用化学合成的药物、促生长剂及其他化学合成添加剂，不准使用由基因工程技术获得的产品，例如转基因大豆粕、棉籽粕等，产品质量经检验符合有机饲料标准的规定，并经认证允许在产品包装上使用有机产品的标志。该类产品的要求高于绿色饲料。只有具备上述条件或达到上述要求的饲料才能称为有机饲料，否则就不是有机饲料。

23. 生态饲料

生态饲料是指具有最佳的营养物利用率和最佳的动物生产性能，且能最大限度地注重饲料对饲养动物、生产者、动物食品消费者和环境的安全性，促进生态和谐的饲料。

24. 舔砖

舔砖是指根据反刍动物喜爱舔食的习性，将牛、羊所需矿物质元素、维生素等营养素经科学配方、加工成块状，供牛、羊舔食的一种饲料，其形状不一，呈圆柱形、长方形、方形等不同形状。补饲舔砖能明显改善牛、羊健康状况，加快生长速度，提高经济效益。

四、饲料营养基本概念和释义

1. 营养素

营养素是指饲料中以某种形态和一定数量维持动物生命和动物生长发育的构成成分。饲料营养素主要包括蛋白质、脂肪、碳水化合物、矿物质和维生素。每种饲料原料的营养素构成比例不一样。

2. 营养指标

营养指标是对饲料原料或饲料产品的营养成分含量或营养价值所做的规定。

3. 碳水化合物

碳水化合物是由碳、氢和氧三种元素组成，由于它所含的氢氧的比例为二比一，和水一样，故称为碳水化合物。它是为动物提供热能的三种主要的营养素之一。碳水化合物分成两类：可以吸收利用的碳水化合物，如单糖、双糖、多糖；不能消化的碳水化合物，如纤维素。两类都是动物必需的物质。

4. 总能

总能是指饲料中有机物质完全氧化燃烧生成二氧化碳、水和其他氧化物时释放的全部能量，主要为碳水化合物、粗蛋白质和粗脂肪能量的总和。饲料的总能取决于其碳水化合物、脂肪和蛋白质含量。三大养分能量的平均含量为：碳水化合物 17.5 kJ/g ；蛋白质 23.64 kJ/g；脂肪 39.54 kJ/g。不同饲料的总能不一样。

5. 消化能

消化能是指从饲料总能中减去粪能后的能值，亦称"表观消化能"。不同饲料原料的消化能不一样，同一饲料原料不同畜禽使用的消化能不一样，如玉米的消化能 14.2MJ/kg(猪)，12.8MJ/kg(兔)，饲用小麦粉的消化能 15.0 MJ/kg(猪)，13.9 MJ/kg(兔)。

6. 代谢能

代谢能是指从饲料总能中减去粪能和尿能（对反刍动物还要减去甲烷能）后的能值，亦称"表观代谢能"，如玉米代谢能为 13.9MJ/kg(猪)，13.1MJ/kg(肉鸡)。

7. 净能

净能是指从饲料的代谢能中减去热增耗后的能值，如玉米的净能为 11.1 MJ/kg(猪)，8.4 MJ/kg(奶牛)。

8. 总磷

总磷是指饲料中的无机磷和有机磷的总和。

9. 有效磷

有效磷是指饲料总磷中可为动物利用的部分。

10. 蛋白质

蛋白质是指由氨基酸为基本单元，以"脱水缩合"的方式组成的多肽链经过盘曲折叠形成的具有一定空间结构的物质。蛋白质中一定含有碳、氢、氧、氮元素。

11. 理想蛋白质

理想蛋白质是指饲料中各种氨基酸的比例与动物营养需要相一致的蛋白质，其氨基酸之间平衡最佳、利用效率最高的蛋白质。

12. 必需氨基酸

必需氨基酸是指在动物体内不能合成或能合成但不能满足需要，必须通过外源提供的氨基酸。生长猪有 10 种必需氨基酸，分别是赖氨酸、蛋氨酸、色氨酸、苯丙氨酸、亮氨酸、异亮氨酸、缬氨酸、苏氨酸、组氨酸、精氨酸。除上述组氨酸和精氨酸外的 8 种氨基酸是成年猪禽的必需氨基酸；生长猪的 10 种必需氨基酸外加甘氨酸、胱氨酸、酪氨酸共 13 种氨基酸是生长禽的必需氨基酸。

13. 半必需氨基酸

半必需氨基酸是指能代替或部分节约必需氨基酸的氨基酸。丝氨酸、甘氨酸和酪氨酸是半必需氨基酸。丝氨酸能代替部分甘氨酸，胱氨酸能代替 50% 左右蛋氨酸，酪氨酸能代替 30%~50% 苯丙氨酸。

14. 非必需氨基酸

非必需氨基酸是指动物生命过程必需，但可以在动物体内合成，无需从外源提供即能满足动物需要的氨基酸。但并不是指动物在生长和维持生命活动的过程中不需要这些氨基酸。

15. 条件性必需氨基酸

条件性必需氨基酸是指特定条件下必须由外源供给的氨基酸，如仔猪的精氨酸和谷氨酸是条件性必需氨基酸。

16. 限制性氨基酸

限制性氨基酸是指饲料或饲粮中的一种或几种必需氨基酸的含量低于动物的需要量，而且由于它们的不足限制了动物对其他必需和非必需氨基酸的利用。通常将饲料或饲粮中最缺乏的氨基酸称为第一限制性氨基酸，其次缺乏的依次为第二、第三、第四……限制性氨基酸。不同的饲料，对不同的动物，限制性氨基酸的顺序不同。如猪饲粮中的第一限制性氨基酸通常为赖氨酸，而鸡饲粮中的第一限制性氨基酸则通常为蛋氨酸。

17. 氨基酸平衡

氨基酸平衡是指饲料中各种氨基酸之间的数量和比例上与动物特定需要相协调的状态。饲粮中各种氨基酸的数量和相互间的比例与动物的需要量相符合，说明该饲粮（料）的氨基酸是平衡的，反之，则为不平衡。只有在饲粮中氨基酸保持平衡状态下，氨基酸才能最有效地被利用，任何一种氨基酸的不平衡都会导致动物体内的蛋白质消耗增多，而生产性能也将明显降低。

18. 氨基酸拮抗

氨基酸拮抗是指由于饲料中某一种氨基酸的过量而降低动物对另一种或另几种氨基酸利用的现象。

19. 氨基酸的缺乏

氨基酸的缺乏是指一种或几种氨基酸含量不足，不能满足动物需要，而影响动物的生产性能。缺乏的氨基酸常常是必需氨基酸。低蛋白日粮和生长快、高产的动物常出现氨基酸缺乏。缺乏症可通过补充所缺乏的氨基酸而缓解或纠正。

20. 氨基酸中毒

氨基酸中毒是指由于饲粮中某种氨基酸含量过高而引起动物生产性能下降。添加其他氨基酸可部分缓解中毒症，但不能完全消除。

21. 脂肪

脂肪是指由甘油和脂肪酸组成的三酰甘油酯，其中甘油的分子比较简单，而脂肪酸的种类和化学链长短却不相同。脂肪酸分三大类：饱和脂肪酸、单不饱和脂肪酸、多不饱和脂肪酸。

22. 必需脂肪酸

必需脂肪酸是指在动物体内不能合成或能合成但不能满足需要，必须通过外源提供的脂肪酸。

23. 矿物质

矿物质是指构成动物体组织和维持正常生理功能必需的各种元素的总称。

24. 必需矿物质

必需矿物质是指动物生理和代谢过程需要，且必须由外源提供的矿物元素。

25. 常量元素

常量元素是指正常情况下，占动物活重大于和等于0.01%的矿物元素，如钙、磷、钠、钾等。

26. 微量元素

微量元素是指正常情况下，占动物活重小于0.01%的矿物元素，如铜、锌、铁、锰、碘、钴等。

27. 维生素

维生素是指动物代谢必需且需要量极少的一类低分子有机化合物，以辅酶或者催化剂的形式参与体内代谢，缺乏时动物会产生缺乏症。维生素分为水溶性维生素和脂溶性维生素两类。

28. 营养需要量

营养需要量是指动物在维持正常生理活动、机体健康和达到特定生产性能对营养素需要的最低数量。

29. 维持需要

维持需要是指动物维持机体健康和体重不变的营养需要。

30. 饲料营养价值

饲料营养价值是指饲料本身所含的养分及这些养分被动物消化、吸收、利用的程度以及用于畜产品生产的能力大小。

31. 营养平衡

营养平衡主要指动物的生理需要和饲料营养素供给之间的平衡，主要包括能量蛋白平衡、氨基酸平衡、钙磷平衡、电解质平衡以及各种营养素摄入量之间的平衡。营养不平衡导致代谢疾病，动物生长速度降低，料肉比升高；影响动物健康，如仔猪采食高蛋白日粮，腹泻率升高；动物免疫力降低，动物易生病。营养物质之间平衡包括摄入的养分数量、养分间的比例、养分间的协同作用和拮抗作用等。影响饲料营养平衡的主要因素有：饲养标准的选择、饲料原料营养成分数据、原料间的组合搭配、配方师的经验和水平、饲料加工、畜禽养殖环境和管理因素以及畜禽健康状况。

五、饲料质量基本概念和释义

1. 感观指标

感观指标是指对饲料原料或成品的色泽、气味、外观性状等所做的规定。

2. 水分

水分是指从饲料中扣除干物质后的物质。

3. 干物质

干物质是指从饲料中扣除水分后的物质。

4. 粗蛋白质

粗蛋白质是指饲料中各种含氮物质的总称。

5. 粗脂肪

粗脂肪是指饲料中可溶于乙醚的物质的总称。

6. 粗灰分

粗灰分是指饲料经 550℃灼烧后的残渣。

7. 粗纤维

粗纤维是指饲料经稀酸、稀碱处理，脱脂后的有机物（纤维素、半纤维素、木质素等）的总称。

8. 无氮浸出物

无氮浸出物是指饲料中可溶于水或稀酸的碳水化合物。无氮浸出物通常由干物质总量减去粗蛋白质、粗脂肪、粗纤维和粗灰分后求得。

9. 加工质量指标

加工质量指标是指对饲料原料或饲料产品的粒度、含杂量、混合均匀度等所做的规定。

10. 磁性金属杂质

磁性金属杂质是指混入饲料的危害饲料质量、加工设备和动物健康的磁性金属物。

11. 粒度

粒度是指饲料原料或饲料产品的粗细度。粒度用筛析法测定。

12. 混合均匀度

混合均匀度是指饲料中各组分分布的均匀程度。

13. 颗粒饲料粉化率

颗粒饲料粉化率是指颗粒饲料在特定条件下产生的粉末重量占其总重量的百分比。

14. 颗粒饲料耐水性

颗粒饲料耐水性是指供水产动物食用的颗粒饲料在水中抗溶蚀的能力。

15. 颗粒饲料硬度

颗粒饲料硬度是指颗粒饲料对外压力所引起变形的抵抗能力。

16. 自动分级

自动分级是指饲料在加工运输过程中混合均匀度降低的现象。

17. 常规分析

常规分析是指用化学分析法测定饲料中水分、粗蛋白、粗脂肪、粗灰分、粗纤维和计算无氮浸出物的含量的方法。

18. 风干样品

风干样品是指水分含量在 15% 以下的饲料样品。

19. 绝干样品

绝干样品是指在 100~105℃温度下烘至恒重后的饲料样品。

六、饲料加工基本概念和释义

1. 氨化

氨化是指将粗饲料用氨或氨化物进行处理，以改善其品质，提高其利用率。氨化饲料主要用于反刍动物。氨化饲料就是用尿素、碳酸氢铵或氨水溶液等含无机氮物质与植物秸秆混合后密闭，进行氨化处理，以提高秸秆的消化率、营养价值和适口性。

2. 青贮

青贮是指将青绿植物切碎，放入容器内压实排气，在缺氧条件下进行乳酸菌发酵，以供长期储存。青贮饲料是将青绿饲料经切碎后，在密闭缺氧的条件下，通过厌氧乳酸菌的发酵作用，抑制各种杂菌的繁殖，而得到的一种粗饲料。青贮饲料气味酸香、柔软多汁、适口性好、营养丰富、利于长期保存，是家畜优良饲料。

3. 发酵

发酵是指应用酵母、霉菌或细菌在受控制的有氧或厌氧条件下，增殖菌体、分解底物或形成特定代谢产物的过程。

4. 粉碎

粉碎是指通过撞击、剪切、磨削等机械作用，使物料颗粒变小。

5. 分选

分选是指通过过筛或气流处理将物料中不同容重、不同粒径的组分分离。

6. 风选

风选是指利用物料之间或物料与杂质之间悬浮速度的差别，用空气（风力）对物料进行分级或去除杂质的过程。

7. 混合

混合是指利用机械力、压缩空气或超声波，搅动、拌和物料，使之分布均匀、强化热交换的过程。

8. 挤压膨化

挤压膨化是指物料经螺杆推进、增压、增温处理后挤出模孔，使其骤然降压膨化，制成特定形状的产品。

9. 碱化

碱化是指向物料中添加碱性物质，使物料由酸性变为碱性（提高 pH 值）的过程。

10. 浸泡

浸泡是指在一定条件下，对物料（通常是对籽粒）进行湿润和软化的过程，以减少蒸煮时间，或有利于去除种皮，或加快水分吸收以促进发芽进程，或降低天然抗营养因子的浓度。

11. 膨化

膨化是指使处于高温、高压状态的物料迅速进入常压，物料中的水分因压力骤降而瞬间蒸发，导致物料组织结构突然膨松成为海绵状的过程。

12. 揉搓

揉搓是指将秸秆等物料揉搓撕碎的过程。

13. 乳化

乳化是指将两种互不相溶的液体（如油、水）混合，使之形成胶体悬浮液的过程。

14. 筛选

筛选是指利用物料之间或杂质之间几何尺寸的差别，用过筛的方法将物料分级或去除杂质。

15. 脱毒 / 去毒

脱毒 / 去毒是指用物理、化学和生物方法从物料中去除或破坏有毒有害物质，或减小其浓度的过程。

16. 脱盐

脱盐是指以离子交换和膜过滤等方法将物料中的钠盐脱除的过程。

17. 脱脂

脱脂是指从物料中去除脂类物质的过程。

18. 压片 / 碾压

压片 / 碾压是指利用成对轧辊之间的挤压作用改变籽粒状饲料原料的形状或尺寸，可预先进行着水或调质处理。

19. 压榨

压榨是指用机械或液压等外力从固态物料中去除油脂、水分、汁液等液体组分的过程。

20. 液化

液化是指使固相或气相转变成液相的过程。

21. 造粒

造粒是指对饲料原料进行处理以获得特定粒度和均匀度的过程。

22. 蒸发

蒸发是指通过汽化或蒸馏获得浓缩物质的过程。

23. 蒸谷

蒸谷是指在一定温度和压力下，对浸泡过的稻谷用蒸汽加热的过程，是生产蒸谷米水热处理工段的工序之一。目的是提高出米率，改善储藏特性和食用品质。

24. 制粉

制粉是指粉碎干燥的谷物并使其各部分分离，形成预定质量的粉、麸皮、中粉等一系列工序。

25. 制粒

制粒是指将粉状物料经（或不经）调质，挤出压模模孔，制成颗粒的过程。

26. 先配料后粉碎

先配料后粉碎是指将饲料原料（组分）按配方计量配料（混合）后再粉碎。

27. 先粉碎后配料

先粉碎后配料是指将饲料原料（组分）分别粉碎后再按配方计量配料与混合。

28. 一次粉碎工艺

一次粉碎工艺是指对饲料只用一道粉碎工序加工的方法。

29. 二次粉碎工艺

二次粉碎工艺是指采用两道粉碎工序，对第一道粉碎机粉碎的饲料筛分，将筛上物送入第二道粉碎机再次粉碎的加工方法。

30. 循环粉碎工艺

循环粉碎工艺属于二次粉碎工艺的一种，对粉碎机粉碎的饲料筛分，是将筛上物继续送至原粉碎机粉碎加工方法。

31. 配料

配料是指根据配方规定的配比，将两种或两种以上的饲料组分依次计量后堆积在一起或置于同一容器内或同时计量配料。

32. 自动配料

自动配料是指配料过程完全由机电设备自动完成。

33. 配料周期

配料周期是指完成一个批次的完整配料过程（包括各组分计量加料、卸料、关闭秤门）所需要的时间。

34. 冲洗

冲洗是指在加有药物饲料添加剂的饲料生产后，使用特定数量的流动性好的原料（如玉米粉、麸皮等）冲刷或清洗有关生产线设备，以减少药物残留和交叉污染。

35. 预混合

预混合是指为有利于某种或某些微量组分能均匀分散在配合饲料中，而先将其与载体和（或）稀释剂进行均匀混合。

36. 破碎

破碎是指为适应专门动物的饲用需要，将冷却后的较大颗粒饲料制成小颗粒饲料。

37. 颗粒分级

颗粒分级是指将成型颗粒饲料中的过大颗粒和细粉筛除，或将经破碎的颗粒粒度分成若干部分。

38. 颗粒液体喷涂

颗粒液体喷涂是指在颗粒饲料表面喷涂油脂、糖蜜、维生素或其他液体。

39. 制块

制块是指将饲料原料或混合料压制或浇注成块状饲料。

40. 干法挤压膨化

干法挤压膨化是指将饲料不经调制或添加少量水分后进行挤压膨化，一般出模前物料水分低于18%。

41. 水解

水解是指在适宜条件下由水参与的、利用酶、酸、碱或高温高压将物料分解为简单小分子的过程。

七、饲料安全基本概念和释义

1. 饲料安全

饲料安全是指饲料(包括饲料原料、饲料产品和饲料添加剂)在生产、贮藏、运输和使用过程中，对动物健康、生产性能、人类健康和生活以及生态环境可持续发展不造成负面影响。饲料安全是影响动物性食品安全和环境安全的重要因素之一。

2. 饲料卫生

饲料卫生是指对饲料中有毒有害因素采取相应的预防措施，以提高饲料的卫生质量，预防饲源性疾病及其他危害。

3. 饲料卫生标准

饲料卫生标准是指用法规的形式限定饲料中各种有毒有害物质及病原微生物的最大允许量，是由国家有关行政部门组织制定并批准颁布，在全国都必须执行的强制性饲料卫生法规。不仅是饲料卫生质量监督和管理的依据，也是畜禽合理饲养的依据。

4. 饲料安全危害

饲料安全危害是指只可能存在或出现在饲料产品中，通过动物采食转移至食品和环境中，并由此可能导致人类不良健康后果的因素。

5. 抗营养因子

抗营养因子是指饲料中存在的某些能破坏营养成分或以不同机制阻碍动物对营养成分的消化、吸收和利用，并对动物的健康状况产生毒副作用的物质。

6. 有毒有害物质

有毒有害物质是指饲料中所含有的直接或间接影响动物机体健康、动物产品质量，危害人体健康及污染环境的物质。

7. 交叉污染

交叉污染是指饲料在加工、储存、运输过程中不同饲料原料或产品之间，或饲料与周围环境中的其他物质发生的相互污染。

8. 保质期

保质期是指在规定的贮存条件下，能保证饲料产品质量的期限。在此期限内，产品的成分、外观等应符合标准的要求。

9. 二次发酵

二次发酵是指经过乳酸菌发酵的饲料，由于开窖或发酵过程中密封不严致使空气进入，引起好氧微生物活动，使发酵饲料温度上升，品质变坏的现象。

10. 植酸磷

植酸磷是一个含六个磷酸基团的环状化合物，在大多数油籽和豆科植物中占干物质的 1%~5%。通常将植酸磷列入抗营养因子，因为它影响其他矿物元素的有效性，不仅与植物中大多数磷结合（40%~70%），而且植酸磷还与其他二价和三价金属元素如钙、镁、锌和铁等螯合形成极难溶解的化合物。

11. 霉菌毒素

霉菌毒素是指霉菌在饲料上生长繁殖过程中产生的有毒代谢产物及某些霉菌使饲料的成分转变形成的有毒物质，如黄曲霉毒素、呕吐毒素、玉米赤霉烯酮等。

12. 脂类氧化酸败

脂类氧化酸败是指脂肪在贮藏过程中，在有氧气的条件下自发的发生氧化，或在微生物、酶等的作用下氧化生成过氧化物，并进一步氧化成低级的醛、酮、酸等化合物，同时出现异味的现象。

13. 兽药残留

兽药残留是指动物使用兽药后，蓄积或留存在畜禽机体或者进入肉、蛋、奶等畜禽产品的药物或其代谢物，包括与兽药有关的杂质的残留。兽药在动物体内会经过吸收、分布、代谢和排泄过程。吸收和分布是药物进入动物体内发挥作用并残留的过程，代谢和排泄是药物从动物体内清除的过程。在规范使用的情况下，绝大部分药物被代谢和排泄掉，在动物体内的残留水平很低。通常情况下，畜禽产品中兽药残留的量很低，一般不足以产生健康危害。如果兽用抗生素残留达到较高水平且长期摄入，可能带来过敏反应、慢性毒性、破坏胃肠道菌群平衡等健康影响。

14. 最高残留限量

最高残留限量是指动物性食品中规定的药物残留最高浓度，它是基于一套严格且复杂的科学评估程序得出的。只要残留不超标，食用不会对人体健康造成危害。近年来，随着农产品质量安全监管不断深入，处罚力度加大，兽药滥用的情况得到一定的遏制，兽药残留的整体状况较好。农业部监测数据显示，2015 年和 2016 年畜禽产品兽药残留合格率均达

99%以上。

15. 休药期

休药期是指从动物停止用药到允许上市销售的间隔时间。在这段时间里，动物体内的药物残留被逐步代谢和排出体外，以保障肉、蛋、奶等动物性食品其残留水平下降到规定的限量值以下。不同药物在动物体内代谢的规律不同，因此不同药物的休药期也可能不同。

16. 耐药性

耐药性又称抗药性，是指随着药物的使用，微生物、寄生虫以及肿瘤细胞逐渐适应并发展出抵抗药物作用的能力。耐药性根据其发生原因可分为获得耐药性和天然耐药性。细菌获得耐药性后，其致病性并不会增强，也不会产生新的感染类型。耐药菌最主要的危害是给治疗带来困难。如果细菌对多种抗生素耐药，甚至对大多数抗生素都耐药，则可导致常用抗生素治疗无效，造成病死率提高，显著延长病程和治疗时间，大幅增加医疗成本。

17. 疯牛病

疯牛病即牛脑海绵状病。这种病波及世界很多国家，如法国、爱尔兰、加拿大、丹麦、葡萄牙、瑞士、阿曼和德国。人类疯牛病，即克罗伊茨费尔德－雅各布氏症（简称"克－雅氏病"），是一种罕见的致命性海绵状脑病。医学界对克－雅氏症的发病机理还没有定论，也未找到有效的治疗方法。人类感染通常是食用感染了疯牛病的牛肉及其制品、使用某些有可能含有疯牛病病毒的化妆品所致，但一些科学家认为"疯牛病"在人类变异成"克－雅氏病"的病因是环境污染直接造成的。饲喂含染疫反刍动物肉骨粉的饲料可引发疯牛病。英国科学家研究发现，人吃了感染疯牛病的牛肉会患新型克－雅氏病，留下与疯牛病非常相似的化学迹象。禁止反刍动物饲喂动物源性饲料、禁止以反刍动物蛋白提炼产品作为动物饲料、禁止特殊危险物质作为动物饲料以预防动物疯牛病的手段。

八、其他基本概念和释义

1. 饲料标签

饲料标签是指以文字、图形、符号、数字说明饲料、饲料添加剂和饲料原料内容的一切附签及其他说明物。我国制定了强制性标准《饲料标签》，其规定了饲料、饲料添加剂和饲料原料标签标示的基本内容和基本要求。《饲料标签》具体内容见附录二。

2. 农家饲料

农家饲料一般指农户自己种植的粮食（如玉米、稻谷、小麦、黄豆、豌豆、甘薯、马铃薯等）及其农副产品（麸皮、米糠、甘薯渣、稻草、玉米秸秆、麦秸等）、青草和蔬菜、剩菜剩饭、泔水等，经过简单加工配合后的饲料。农家饲料营养不平衡，不能满足动物健康生长需要，导致动物生长缓慢、饲料利用率低、饲养成本高。

3. 饲料法规

饲料法规是指与饲料管理有关的各种法律和规章，是关于确保饲料安全性和改善饲料品质的法律。制定和实施饲料法规的目的在于通过法律手段确保饲料（包括添加剂）的饲用品质和饲用安全（即有效性和安全性），使饲料的生产、加工、销售、运输、贮存、进口、出口和饲用等环节处于法律的监督之下，确保饲料品质有利于动物养殖业的发展。同时禁止饲用某些超出规定期限或者危害人类健康和安全的饲料，以保障动物免遭毒害，最终保障人类食用动物产品的安全。目的是"为了加强对饲料、饲料添加剂的管理，提高饲料、饲料添加剂的质量，保障动物产品质量安全，维护公共健康"。

4. 强制性标准

强制性标准是指在一定范围内通过法律、行政法规等强制性手段加以实施的标准，具有法律属性，如《饲料卫生标准》和《饲料标签》。

5. 许可证明文件

许可证明文件是指新饲料、新饲料添加剂证书，饲料、饲料添加剂进口登记证，饲料、饲料添加剂生产许可证，饲料添加剂、添加剂预混合饲料产品批准文号的统称。

6. 通用名称

通用名称是指能反映饲料、饲料添加剂和饲料原料的真实属性并符合相关法律法规和标准规定的产品名称。

7. 产品成分分析保证值

产品成分分析保证值是指生产者根据规定的保证值项目，对其产品成分必须做出的明示承诺和保证。保证在保质期内、采用规定的分析方法均能分析得到符合标准要求的产品成分值。

8. 净含量

净含量是指去除包装容器和其他所有包装材料后内装物的量。

9. 饲料配方

饲料配方是指配合饲料中各种原料的组成和比例。饲料配方是根据动物的营养需要、饲料的营养价值、饲料原料的现状及价格因素，合理地确定各种饲料的配合比例，这种饲料的配比即称为饲料配方。进行饲料的配合，必须有饲料配方。

10. 饲料资源

饲料资源是指可以作为动物饲料的所有物质的总称。资源的数量取决于饲料的品种和产量，质量取决于提供养分的多少及平衡性。

11. 饲养标准

饲养标准也称营养需要量，按动物种类、性别、生理状态等情况，结合能量与物质代谢实验和饲养实验的结果，科学规定一头动物每天应给予的能量和各种营养物质数量。

12. 无公害农产品

无公害农产品是指经省一级农业行政主管部门认证，允许使用无公害农产品标志、无污染、安全、农药和重金属均不超标的农产品及其加工产品的总称。这类产品中允许限量、限品种、限时间地使用人工合成化学农药、兽药、鱼药、肥料、饲料添加剂等。

13. 绿色食品

绿色食品是指遵循可持续发展原则，按照特定的生产方式生产，专门认定，许可使用绿色食品标志商标的无污染的安全、优质、营养类食品，分为 A 级和 AA 级。

14. 有机食品

有机食品是指按照有机农业生产标准，在生产中不采用基因工程获得的生产及其产物，不使用化学合成的农药、化肥、生长调节剂和饲料添加剂等物质，采用一系列可持续发展的农业技术，生产、加工并经专门机构严格认证的一切农副产品。

15. 绿色畜产品

绿色畜产品是指遵循可持续发展原则，按照特定生产方式生产，经专门机构认定许可使用绿色食品标志的无污染、安全、优质、营养的畜产品。绿色畜产品分为 A 级和 AA 级两种。其中 A 级绿色畜产品生产中允许限量使用化学合成生产资料，AA 级绿色畜产品则较为严格地要求在生产过程中不使用化学合成的兽药、饲料添加剂、食品添加剂和其他有害于环境和健康的物质。从本质上讲，绿色食品是从普通食品向有机食品发展的一种过渡性产品。

表2 生产绿色食品畜禽产品不应使用的饲料添加剂品种（NY/T 471—2010）

种类	品种	备注
矿物元素及其络（螯）合物	稀土（铈和镧）壳糖胺螯合物	
非蛋白氮	尿素、碳酸氢铵，硫酸铵、液氮、磷酸氢二铵、磷酸二氢铵、缩二脲、异丁叉二脲、磷酸脲	反刍动物不应使用
抗氧化剂	乙氧基喹啉、二丁基羟基甲苯（BHT）、丁基羟基茴香醚（BHA）	
防腐剂	苯甲酸、苯甲酸钠	
着色剂	各种人工合成的着色剂	
调味剂和香料	各种人工合成的调味剂和香料	
黏结剂、抗结块剂和稳定剂	羟甲基纤维素钠、聚氧乙烯20山梨酸酐单油酸酯、聚丙烯酸钠	

注：1.除本表所列饲料添加剂品种外，不在《饲料添加剂品种目录》中的饲料添加剂均不允许在绿色食品、畜禽产品生产中使用。

2.生产AA级绿色食品畜禽产品的饲料添加剂，除满足上述条件要求外，不能使用化学合成的添加剂。

16. 有机畜产品

有机畜产品是指以有机方式生产加工的、符合有关标准并通过专门认证机构认证的纯天然、无污染、安全营养食品。

17. 食品安全危害

食品安全危害是指食品中所含有的对健康有潜在不良影响的生物、化学或物理的因素或食品存在状况。对饲料和饲料配料而言，相关食品安全危害物质可能存在或出现于饲料和饲料配料中，在通过动物消费饲料转移到食品中并由此可能导致人类不良健康后果的因素。对饲料和食品的间接操作（如包装材料、清洁剂等的生产者）而言，相关食品安全危害是指按所提供产品和（或）服务的预期用途，可能直接或间接转移到食品中，并由此可能造成人类不良健康后果的因素。

第二部分　饲料基础知识

　　饲料是饲养动物所有食物的总称，是畜禽养殖效益的关键因素之一，约占养殖成本的 70%，同时也是生产安全畜禽产品的主要影响因素。本部分简要梳理了饲料基础知识，分别介绍饲料的分类、主要饲料原料和饲料添加剂的基础知识，为从事畜禽养殖和相关行业的人员提供帮助，促进饲料安全。

一、饲料分类

　　饲料种类繁多、养分组成复杂、营养价值差别大。为了科学地利用饲料和有效地宣传饲料安全基础知识，有必要介绍饲料的分类。本书将饲料分为饲料原料、饲料添加剂和饲料产品三大类。

（一）饲料原料的分类

1. 饲料原料的国际分类法

　　目前世界各国对饲料原料的分类方法尚未完全统一。美国学者 L.E.Harris 的饲料原料分类原则和编码体系，迄今已为多数学者所认同，并逐步发展成为当今饲料原料分类编码体系的基本模式，被称为国际饲料分类法。国际饲料分类法根据营养特性将饲料原料分为粗饲料、青绿饲料、青贮饲料、能量饲料、蛋白质补充料、矿物质饲料、维生素饲料、饲料添加剂 8 大类，并对每类饲料冠以 6 位数的国际饲料编码（international feeds number，IFN），编码分 3 节，首位数代表饲料归属的类别，后 5 位数则按饲料的重要属性给定编码，表示为 △－△△－△△△，详见表 3。

表 3　国际饲料分类依据原则

饲料类别	饲料编码	划分饲料类别依据		
		水　分（自然含水，%）	粗纤维（干物质，%）	粗蛋白质（干物质，%）
粗饲料	1–00–000	< 45	≥ 18	—
青绿饲料	2–00–000	≥ 45	—	—
青贮饲料	3–00–000	≥ 45	—	—
能量饲料	4–00–000	< 45	< 18	< 20
蛋白质补充料	5–00–000	< 45	< 18	≥ 20
矿物质饲料	6–00–000	—	—	—
维生素饲料	7–00–000	—	—	—
饲料添加剂	8–00–000	—	—	—

资料来源：韩友文主编《饲料与饲养学》，1999。

2. 饲料原料的中国分类法

依据国际饲料分类原则，结合中国传统分类体系，我国学者提出了饲料原料的中国分类法和编码系统。具体为：首先根据国际饲料分类原则将饲料原料分成 8 大类，然后结合中国传统分类习惯划分为 17 亚类，对每类冠以相应的中国饲料编码 (Chinese feeds number，CFN)，编码分 3 节共 7 位数，首位为 IFN，第 2、第 3 位为 CFN 亚类编号，第 4 至 7 位为顺序号，用 △－△△－△△△△表示，详见表 4。

表4 中国饲料分类依据原则

类　别	饲料编码 1、2、3位编码	水　分 （自然含水，%）	粗纤维 （干物质，%）	粗蛋白质 （干物质，%）
一、青绿饲料	2-01-0000	＞45	—	—
二、树叶				
1. 鲜树叶	2-02-0000	＞45	—	—
2. 风干树叶	1-02-0000	—	≥18	—
三、青贮饲料				
1. 常规青贮饲料	3-03-0000	65～75	—	—
2. 半干青贮饲料	3-03-0000	45～55	—	—
3. 谷实青贮料	4-03-0000	28～35	＜18	＜20
四、块根、块茎、瓜果				
1. 含天然水分的块根、块茎、瓜果	2-04-0000	≥45	—	—
2. 脱水块根、块茎、瓜果	4-04-0000	—	＜18	＜20
五、干草				
1. 第一类干草	1-05-0000	＜15	≥18	—
2. 第二类干草	4-05-0000	＜15	＜18	＜20
3. 第三类干草	5-05-0000	＜15	＜18	≥20
六、农副产品				
1. 第一类农副产品	1-06-0000	—	≥18	—
2. 第二类农副产品	4-06-0000	—	＜18	＜20
3. 第三类农副产品	5-06-0000	—	＜18	≥20
七、谷实	4-07-0000	—	＜18	＜20
八、糠麸				
1. 第一类糠麸	4-08-0000	—	＜18	＜20
2. 第二类糠麸	1-08-0000	—	≥18	—

续表

类　别	饲料编码 1、2、3 位编码	水　分 （自然含水，%）	粗纤维 （干物质，%）	粗蛋白质 （干物质，%）
九、豆类				
1. 第一类豆类	5-09-0000	—	< 18	≥ 20
2. 第二类豆类	4-09-0000	—	< 18	< 20
十、饼粕				
1. 第一类饼粕	5-10-0000	—	< 18	≥ 20
2. 第二类饼粕	1-10-0000	—	≥ 18	≥ 20
3. 第三类饼粕	4-08-0000	—	< 18	< 20
十一、糟渣				
1. 第一类糟渣	1-11-0000	—	≥ 18	—
2. 第二类糟渣	4-11-0000	—	< 18	< 20
3. 第三类糟渣	5-1l-0000	—	< 18	> 20
十二、草籽、树实				
1. 第一类草籽、树实	1-12-0000	—	≥ 18	—
2. 第二类草籽、树实	4-12-0000	—	< 18	< 20
3. 第三类草籽、树实	5-12-0000	—	< 18	≥ 20
十三、动物性饲料				
1. 第一类动物性饲料	5-13-0000	—	—	≥ 20
2. 第二类动物性饲料	4-13-0000	—	—	< 20
3. 第三类动物性饲料	6-13-0000	—	—	< 20
十四、矿物质饲料	6-14-0000	—	—	—
十五、维生素饲料	7-15-0000	—	—	—
十六、饲料添加剂	8-16-0000	—	—	—
十七、油脂类饲料及其他	4-17-0000	—	—	—

　　资料来源：吴晋强主编《动物营养学》，1999。

3.《饲料原料目录》分类法

按照我国《饲料原料目录》规定，能用于工业饲料生产的原料可分13类，包括：

（1）谷物及其加工产品 这类饲料主要包括：大麦、稻谷、高粱、黑麦、酒糟、荞麦、筛余物、黍、粟、小黑麦、小麦、燕麦、玉米等13种来源的125种原料。

（2）油料籽实及其加工产品 这类饲料主要包括：扁桃、菜籽、大豆、番茄籽、橄榄、核桃、红花籽、花椒籽、花生、可可、葵花籽、棉籽、木棉籽、葡萄籽、沙刺籽、酸枣、文冠果、亚麻籽、椰子、棕榈、月见草籽、芝麻、紫苏及其他等24种来源的111种原料。

（3）豆科作物籽实及其加工产品 这类饲料主要包括：扁豆、菜豆、蚕豆、瓜尔豆、红豆、角豆、绿豆、豌豆、鹰嘴豆、羽扇豆及其他等11种来源的37种原料。

（4）块茎、块根及其加工产品 这类饲料主要包括：白萝卜、大蒜、甘薯、胡萝卜、菊苣、菊芋、马铃薯、魔芋、木薯、藕、甜菜、可食用瓜等12种来源的24种（类）原料。

（5）其他籽实、果实类产品及其加工产品 这类饲料主要包括：辣椒、水果或坚果、枣等3种来源的10种（类）原料

（6）饲草、粗饲料及其加工产品 这类饲料主要包括：干草、秸秆、青绿饲料、青贮饲料、其他粗饲料等5种来源的16种（类）原料。

（7）其他植物、藻类及其加工产品 这类饲料主要包括：甘蔗、丝兰、甜叶菊、万寿菊、藻类、其他可饲用天然植物等6种来源的127种原料。

（8）乳制品及其副产品 这类饲料主要包括：干酪、酪蛋白、奶油、乳及乳粉、乳清、乳糖等6种来源的15种原料。

（9）陆生动物产品及其副产品 这类饲料主要包括：动物

油脂、昆虫、内脏等、禽蛋、蚯蚓、肉及骨等 6 种来源的 43 种原料。

（10）鱼、其他水生生物及其副产品　这类饲料主要包括：贝类、甲壳类、水生软体动物、鱼、其他等 5 种来源的 34 种原料。

（11）矿物质　这类饲料主要包括：凹凸棒石（粉）、沸石粉、高岭土、海泡石、滑石粉、麦饭石、蒙脱石、膨润土（斑脱岩、膨土岩）、石粉、蛭石等 10 种天然矿物质。

（12）微生物发酵产品及副产品　这类饲料主要包括：饼粕和糟渣发酵产品、单细胞蛋白、利用特定微生物和特定培养基培养获得的菌体蛋白、糟渣类发酵副产物等 4 种来源 14 种产品。

（13）其他饲料原料　这类饲料主要包括：淀粉、食品类产品、食用菌、糖类、纤维素等 5 种来源的 15 种（类）产品。

（二）饲料添加剂的分类

按照《饲料添加剂品种目录（2013 年）》（中华人民共和国农业部公告 第 2045 号），饲料添加剂分为氨基酸、氨基酸盐及其类似物，维生素及类维生素，矿物元素及其络（螯）合物，酶制剂，微生物，非蛋白氮，抗氧化剂，防腐剂、防霉剂和酸度调节剂，着色剂，调味和诱食物质，黏结剂、抗结块剂、稳定剂和乳化剂，多糖和寡糖以及其他 14 类。

（三）饲料产品的分类

饲料产品可根据营养成分、物理性状、动物种类及阶段进行分类。

1. 按饲料营养成分进行分类

饲料产品按营养成分可分为配合饲料、浓缩饲料、精料补充料和添加剂预混合饲料。

2. 按饲料物理性状进行分类

饲料产品按物理性状主要分为粉状饲料、颗粒饲料、膨化饲料和破碎饲料。此外,还有块状饲料、液体饲料等。

3. 按动物的不同种类、阶段进行分类

饲料产品按动物种类可分为猪饲料、鸡饲料、牛饲料、实验动物饲料等。按动物生理阶段可将猪饲料分为乳猪饲料、仔猪饲料、生长猪饲料、肥育猪饲料等;母猪饲料可分为后备母猪料、妊娠母猪料、泌乳母猪料等;奶牛料可分为犊牛精料补充料、后备母牛精料补充料、干奶牛精料补充料和泌乳母牛精料补充料。

二、主要饲料原料

饲料工业使用饲料原料,只有列入《饲料原料目录》的原料,并符合相应要求的原料才能用作饲料生产。为了饲料安全,未列入饲料原料目录的原料不能用作饲料工业化生产。该部分从营养特性、质量标准和饲用价值等方面分别介绍主要饲料原料。目前,部分饲料原料国家或行业质量标准已作废,对于 20 世纪的饲料原料质量标准均未被采用。所有饲料原料的卫生指标必须符合《饲料卫生标准》。

(一)谷物及其加工产品

这类原料主要包括玉米、小麦、稻谷、大麦、高粱、黑麦、荞麦、粟、燕麦及其加工产物。谷物饲料富含无氮浸出物,一般都在 70% 以上;粗纤维含量少,多在 5% 以内,仅带颖壳的大麦、燕麦、水稻和粟可达 10% 左右;粗蛋白含量一般不到 10%,但也有一些谷实如大麦、小麦等达到甚至超过 12%;谷实蛋白质的品质较差,因其中的赖氨酸、蛋氨酸、色氨酸等含量较少;其

所含灰分中，钙少磷多，但磷多以植酸盐形式存在，对单胃动物的有效性差；谷实中维生素 E、维生素 B_1 较丰富，但维生素 C、维生素 D 贫乏；谷实的适口性好；谷实的消化率高，因而有效能值也高。正是由于上述营养特性，谷物是动物的最主要的能量饲料。

1. 玉米

玉米是重要的粮食作物和重要的饲料原料，在饲料中所占比重大。玉米在全世界播种面积仅次于小麦、水稻而居第三位。

（1）玉米的营养特性　玉米中碳水化合物在 70% 以上，多存在于胚乳中。主要是淀粉，单糖和二糖较少，粗纤维含量也较少。粗蛋白质含量一般为 7%~9%，其品质较差，因赖氨酸、蛋氨酸、色氨酸等必需氨基酸含量相对贫乏。粗脂肪含量为 3%~4%，但高油玉米中粗脂肪含量可达 8% 以上，主要存在于胚芽中；其粗脂肪主要是甘油三酯，构成的脂肪酸主要为不饱和脂肪酸，如亚油酸占 59%，油酸占 27%，亚麻酸占 0.8%，花生四烯酸占 0.2%，硬脂酸占 2% 以上。粗灰分较少，其中钙少磷多，但磷多以植酸盐形式存在，对单胃动物的有效性低。玉米中其他矿物元素尤其是微量元素很少。维生素含量较少，但维生素 E 含量较多，为 20~30mg/kg。黄玉米胚乳中含有较多的色素，主要是胡萝卜素、叶黄素和玉米黄素等。

（2）玉米的质量标准　为了保证饲用玉米的安全性和有效性，我国《饲料用玉米》国家标准（GB/T 17890—2008）规定：以容重、不完善粒、粗蛋白质、水分、杂质、色泽气味为质量控制指标，将玉米分为三级（见表 5）。其中，粗蛋白质以干物质为基础；容重指每升中的克数；不完善粒包括虫蚀粒、病斑粒、破损粒、生芽粒、生霉粒、热损伤粒；杂质指能通过直径 3.0mm 圆孔筛的物质、无饲用价值的玉米以及玉米以外的物质。

表5　我国饲料用玉米质量等级标准（GB/T 17890—2008）

指标 等级	容重 （g/L）	不完善粒 (%)	粗蛋白质 （干基，%）	生霉粒 (%)	水分 (%)	杂质 (%)	色泽气味
1	≥ 710	≤ 5.0					
2	≥ 685	≤ 6.5	≥ 8	≤ 2.0	≤ 14.0	≤ 1.0	正常
3	≥ 660	≤ 8.0					

（3）玉米的饲用价值　玉米适口性好，是畜禽的重要能量饲料。黄玉米对鸡皮肤、蛋黄、胫、爪等部位着色有重要意义。膨化或部分膨化的玉米对断奶仔猪的饲喂效果优于未膨化的玉米。玉米用量过大可能使肥育猪背膘增厚，瘦肉率下降，甚至产生脂多、质软、色黄、品质差的"黄膘肉"。玉米不宜用作畜禽唯一的饲料来源，不宜为鱼类饲料原料。

玉米最主要的安全隐患是发霉后产生的霉菌毒素对畜禽生长性能、健康的不良影响。玉米的主要副产物有干酒糟蛋白（含有可溶固形物的干酒糟，DDGS）、干酒精糟（DDG）、玉米蛋白粉、玉米蛋白饲料、玉米胚芽粕等，这些副产物被很好利用，饲用价值较高；但由于玉米容易感染霉菌，且这些霉菌大多存留在加工副产物中，甚至其含量可被浓缩为全粒玉米的3倍以上，风险较大。

2. 玉米蛋白粉

玉米蛋白粉是玉米经脱胚、粉碎、去渣、提取淀粉后的黄浆水，再经脱水制成的富含蛋白质的产品，粗蛋白质含量不低于50%（以干基计）。

（1）玉米蛋白粉的营养特性　玉米蛋白粉蛋白质营养成分丰富，并具有特殊的味道和色泽，用作饲料使用，与饲料工业常用的鱼粉、豆饼比较，资源优势明显，饲用价值高。粗蛋白质含量 35% ~ 60%，氨基酸组成不佳，蛋氨酸、精氨酸含量高，赖氨酸和色氨酸严重不足，赖氨酸∶精氨酸比达 100∶200 ~ 250，与理想比值相差甚远。粗纤维含量低，易消化，代谢能与玉米近似或高于玉米，为高能饲料。矿物质含量少，铁较多，钙、磷较低。维生素中胡萝卜素含量较高，B 族维生素少；富含色素，主要是叶黄素和玉米黄质，前者是玉米含量的 15 ~ 20 倍，是较好的着色剂。

（2）玉米蛋白粉的质量标准 玉米蛋白粉呈粉状或颗粒状，无发霉、结块、虫蛀，具有本制品固有气味、无腐败变质气味，呈淡黄色至黄褐色、色泽均匀，不含砂石等杂质；不得掺入非蛋白氮等物质，若加入抗氧化剂、防霉剂等添加剂时，应在饲料标签上做出相应的说明。玉米蛋白粉质量等级标准见表6。

表6　饲料用玉米蛋白粉质量指标及分级（NY/T 685—2003）

项　目		等级		
		一级	二级	三级
粗蛋白（干基，%）	≥	60.0	55.0	50.0
粗脂肪（干基，%）	≤	5.0	8.0	10.0
粗纤维（干基，%）	≤	3.0	4.0	5.0
粗灰分（干基，%）	≤	2.0	3.0	4.0
水分（%）	≤	12.0		

注：一级饲料用玉米蛋白粉为优等质量标准，二级饲料用玉米蛋白粉为中等质量标准，低于三级者为等外品。

（3）玉米蛋白粉的饲用价值 玉米蛋白粉对猪适口性好，易消化吸收，与大豆饼粕配合使用可一定程度上平衡氨基酸，用量在 15% 左右。玉米蛋白粉用于鸡饲料可节省蛋氨酸，着色效果明显，粉料中 5% 以下为宜，颗粒料可用至 10% 左右。玉米蛋白粉可用作奶牛、肉牛的部分蛋白质饲料原料，精料添加量以 30% 以下为宜，过高影响生产性能。在使用玉米蛋白粉的过程中，应注意霉菌毒素含量，尤其黄曲霉毒素含量。

3. 小麦

小麦是三大谷物之一，是一种在世界各地广泛种植的禾本科植物，部分作为饲料使用，尤其在玉米价格较高的时候，使用小麦替代玉米作饲料原料，其加工副产物麦麸基本用作饲料。

（1）小麦的营养特性　小麦有效能值高，粗蛋白质含量居谷实类饲料之首，一般可达 12% 以上，但必需氨基酸尤其是赖氨酸不足，因而蛋白质品质较差；干物质中无氮浸出物多，含量可达 75% 以上；粗脂肪含量低，为 1.7% 左右，这是小麦能值低于玉米的主要原因；矿物质含量一般高于其他谷实类饲料，尤其磷、钾等含量较高，但半数以上的磷是植酸磷；非淀粉多糖含量较高，可达小麦干重 6% 以上，主要是阿拉伯木聚糖，不能被畜禽消化，且黏性较大，在一定程度上影响畜禽对小麦的消化。

（2）小麦的饲用价值　小麦是我国主要的粮食作物之一，是重要的饲料原料。小麦对猪的适口性好，可作猪的能量饲料，不仅能减少饲粮中蛋白质饲料的用量，而且可提高肉质，但应注意小麦的消化能值低于玉米。小麦用作育肥猪饲料时，宜磨碎（粒径 700 ~ 800 μm）；小麦用作仔猪饲料时，宜粉碎（粒径 500 ~ 600 μm）。在含小麦的饲粮中可添加适量的阿拉伯木聚糖酶、β- 葡聚糖酶等酶制剂，增加饲粮能值，提高猪禽的生产性能。

小麦对鸡的饲用价值为玉米的 90% 左右。小麦用作鸡饲料时，不宜单用小麦作鸡的能量饲料，鸡饲粮中小麦和玉米的适宜比例为 1：1 ~ 1：2；小麦不宜粉碎过细；宜添加阿拉伯木聚糖酶、β- 葡聚糖酶等酶制剂；小麦中色素少，鸡产品着色不佳，需添加着色剂。

　　小麦是牛、羊等反刍动物的良好能量饲料，饲用前应破碎或压扁，在饲粮中用量应控制在 50% 以下，否则易引起瘤胃酸中毒。

　　小麦所含淀粉较软，而且又具黏性，是鱼类能量饲料的主要原料。

4. 小麦加工产品

　　（1）小麦麸　小麦麸俗称麸皮，是以小麦籽实为原料加工面粉后的副产品。小麦麸的成分变异较大，主要受小麦品种、制粉工艺、面粉加工精度等因素影响。按面粉加工精度，可将小麦麸分为精粉麸和标粉麸；按小麦品种，可将小麦麸分为红粉麸和白粉麸；按制粉工艺产出麸的形态、成分等，可将其分为大麸皮、小麸皮、次粉和粉头等。我国每年用作饲料的小麦麸约为 1 000 万 t。

　　小麦麸粗蛋白质含量高于小麦，一般为 12% ～ 17%，氨基酸组成较佳，但蛋氨酸含量少。与小麦相比，小麦麸中无氮浸出物较少，有效能较低，猪的消化能为 9.37MJ/kg；灰分较多，钙少（0.1% ～ 0.2%），磷多（0.9% ～ 1.4%），钙磷比例约为 1∶8，极不平衡，其中约 75% 的磷为植酸磷。小麦麸中铁、锰、锌含量较多；B 族维生素含量很高，如含核黄素约 3.5mg/kg，硫胺素约 8.9mg/kg。

　　小麦麸适口性好，含有轻泻性的硫酸盐类，有助于胃肠蠕动和通便润肠，是妊娠后期和哺乳母猪的良好饲料。麦麸用于猪的肥育效果较差，但可提高猪的胴体品质，产生白色硬体脂，一般使用量不应超过 15%。小麦麸用于仔猪不宜过多，以免引起消化不良。小麦麸作肉鸡饲料，主要用作控制生长鸡及后备种鸡的体重，防止过多脂肪沉积，在饲料中可使用 15% ～ 25%。小麦麸是奶牛、肉牛及羊的优良的饲料原料。奶牛精料中使用 10% ～ 15%，肉牛精料中可用到 50%。

（2）次粉　小麦次粉是以小麦为原料磨制各种面粉后获得的副产品之一，比小麦麸营养价值高。由于加工工艺不同，制粉程度不同，出麸率不同，所以次粉成分差异很大。因此，用小麦次粉作饲料原料时，要对其成分与营养价值实测。次粉中非淀粉多糖因含量较高，导致小肠内容物黏性较高，不宜被消化吸收。

次粉在雏鸡、生长鸡和产蛋鸡饲粮中分别推荐添加量为3%～5%、8%～12%和5%～10%，在仔猪、生长肥育猪和哺乳母猪饲粮中分别为5%～10%、10%～15%和20%～25%，肉牛、奶牛饲粮中为20%～30%。

7. 稻谷、糙米与碎米

（1）营养特性　稻谷的无氮浸出物含量在60%以上，但粗纤维达8%以上，粗纤维主要集中于稻壳中，且半数以上是木质素，是稻谷饲用价值的限制成分；粗蛋白质含量为7%～8%，必需氨基酸如赖氨酸、蛋氨酸、色氨酸等较少。稻谷因含稻壳，有效能值比玉米低得多。

糙米的无氮浸出物含量较高，主要成分是淀粉；蛋白质含量8%～9%，氨基酸组成与玉米相似；脂质含量约2%，不饱和脂肪酸比例较高；灰分含量较少，其中钙少磷多，磷多以植酸磷形式存在。

碎米的养分含量变异很大，粗蛋白质含量变动范围为5%～11%；无氮浸出物含量变动范围为61%～82%；而粗纤维含量变动范围为0.2%～2.7%，甚至高于2.7%。因此，用碎米作饲料原料时，要对其养分含量进行实测。

（2）质量标准　饲料稻谷应颜色一致，NY/T 1580—2007质量标准将其分为3级，等级标准见表7。

表 7　饲料稻稻谷质量等级标准（NY/T 1580—2007）

项目	等级		
	一级	二级	三级
糙米率 (%)　≥	82.0	80.5	79.0
粗蛋白 (%)　≥	12.0	11.0	10.0
粗纤维 (%)　<	9.0	10.0	11.0
水分 (%)　≤	13.5		
杂质 (%)　≤	1.0		
色泽气味	正常		

饲料用碎米，呈碎籽粒状、白色、无发酵、霉变、结块及异味、异嗅。不得掺入饲料用碎米以外的物质。若加入抗氧化剂、防霉剂等添加剂时，应作相应的说明。水分含量不得超过14.0%。

（3）饲用价值　稻谷被坚硬外壳包被，稻壳量占稻谷重20% ~ 25%。稻壳含40%以上的粗纤维，且半数为木质素，猪对稻壳的消化率为负值。因此，在生产上一般不提倡直接用稻谷喂猪，尤其不宜用稻谷作仔猪饲料。对生长猪、育肥猪、母猪饲料若要使用稻谷，必须严格控制用量，通常育成猪30%以下，育肥肉猪为50%，妊娠猪为70%，泌乳猪为40%，但应注意处理稻谷和平衡饲料配方。糙米、碎米、陈米可作为猪的能量饲料，不但饲养效果好，猪肉品质也较好。变质的陈米不能用来喂猪。

稻谷用于反刍动物可完全取代玉米使用，但以粉碎为宜。稻谷粉碎后用于肉牛育肥，其价值约为玉米的80%，可完全作为能量饲料来源使用。糙米、碎米可作为牛、羊、兔的能量饲料。

8. 稻糠和米糠

稻谷加工大米的副产品，称为稻糠。稻糠包括砻糠、米糠和统糠。砻糠是稻谷的外壳或其粉碎品。稻壳中仅含 3% 的粗蛋白质，但粗纤维含量高达40%以上，且粗纤维中半数以上为木质素。猪对砻糠的消化率为负值，不能将砻糠作猪饲料。统糠是砻糠和米糠的混合物。统糠营养价值因其中米糠比例不同而异，米糠所占比例越高，统糠的营养价值越高。

米糠是糙米精制时产生的果皮、种皮、外胚乳和糊粉层等的混合物，属能量饲料，其品质与成分因糙米精制程度而不同，精制的程度越高，米糠的饲用价值愈大。由于米糠所含脂肪多，易氧化酸败，不能久存，所以常对其脱脂，生产成米糠饼（经机榨制得）或米糠粕（经浸提制得）。

（1）米糠的营养特性 米糠蛋白质含量较高，约为13%，氨基酸的含量与一般谷物相似或稍高于谷物，但赖氨酸含量高；脂肪含量高达10%～17%，脂肪酸多为不饱和脂肪酸；粗纤维含量较多，质地疏松，容重较轻；无氮浸出物含量在50%以下。米糠有效能较高，猪的消化能为12.64MJ/kg。矿物质中钙（0.07%）少磷（1.43%）多，钙、磷比例极不平衡（1∶20），但80%以上的磷为植酸磷。维生素E和B族维生素含量丰富，其中维生素B_1、维生素B_5、泛酸含量分别可达19.6 mg/kg、303.0 mg/kg、25.8mg/kg。

米糠中含有多种抗营养因子，如植酸、胰蛋白酶抑制因子、非淀粉多糖和其他生长抑制因子等。其中植酸可与多种金属离子螯合成稳定的不溶性复合物，不易被肠道吸收；胰蛋白酶抑制因子可与小肠液中胰蛋白酶结合生成无活性的复合物，降低胰蛋白酶的活性，导致蛋白质的消化率和利用率降低；非淀粉多糖主要是阿拉伯木聚糖、果胶、β-1,3-D-葡聚糖、β-1,4-D-葡聚糖等。

（2）米糠的饲用价值 米糠中含的胰蛋白酶抑制因子和生长抑制因子均不耐热，加热可破坏，故米糠宜熟喂或制成脱脂米糠后饲喂。米糠氧化酸败后，适口性和营养价值降低，还会产生有害物质，故其不能久存。脱脂米糠（米糠饼、米糠粕）中也含有一定量的脂肪，应及时使用。

米糠在猪饲粮中要控制使用量，仔猪饲料宜少用或不用；生长肥育猪饲粮中用量不宜超过 20%；长期在生长育肥猪饲料中使用米糠，可使猪体脂变软，肉质下降。

米糠用作鸡饲料，粉料中一般不超过 5%，颗粒饲料可酌量增至 10% 左右，用量太高不仅会影响适口性，还会因植酸过多而影响钙、镁、铁、锌等矿物元素的利用率。

米糠用作反刍动物饲料并无不良反应，适口性好，能值高，在奶牛、肉牛精料中可用至 20%。但喂量过多会影响牛乳和牛肉的品质，使体脂和乳脂变黄变软，尤其是酸败的米糠还会引起适口性降低和导致腹泻。

米糠是鱼类的好饲料，其必需脂肪酸含量高，并含有鱼类生长需要的重要生长因子——肌醇。

9. 酒糟类

谷物籽实经酵母发酵、蒸馏除去乙醇后，剩余的滤渣即为湿酒糟，将滤渣进行浓缩干燥后获得的产品为干酒糟。根据谷物种类不同可分为大麦酒糟、大米酒糟、玉米酒糟、高粱酒糟、小麦酒糟等。也可根据所产酒的种类分为白酒糟、啤酒糟、黄酒糟和酒精糟等。此类饲料原料粗纤维含量较高，虽然粗蛋白含量大多在 20% 以上，但利用率极低。

干啤酒糟粗蛋白含量为 22% ~ 27%，赖氨酸约 0.75%，蛋氨酸约 0.6%，粗纤维约 15%，矿物质和维生素含量丰富，粗脂肪高达 5% ~ 8%，其中亚油酸占 50% 以上，无氮浸出物 39% ~ 43%，以五碳类戊聚糖为主，猪的利用率不高。啤酒糟容重和有效能值低，仔猪日粮中最好不添加，肥育猪饲料中可用啤酒糟提供 50% 以下的饲料蛋白，但必须补充赖氨酸，以 20% 的量添加于妊娠母猪日粮，可获得较好繁殖成绩。每头奶牛日喂量 7~8kg 为宜。

（二）油料籽实及其加工产品

1. 大豆

大豆通称黄豆，原产中国，中国各地均有栽培，世界各地亦广泛栽培。大豆主要用于食用、饲用和工业用，其榨油后的豆粕（饼）几乎全用作饲料。

（1）大豆的营养特性　大豆蛋白质含量为 32% ~ 40%，赖氨酸含量较高，但含硫氨基酸含量不足；脂肪含量高达 17% ~ 20%，多为不饱和脂肪酸，其中亚油酸和亚麻酸占 55%；淀粉在大豆中含量极少，仅 0.4% ~ 0.9%；矿物质中钾、磷、钠较多，但 60% 的磷为植酸磷；微量元素中铁含量较高；维生素组成与谷实类相似，含量略高于谷实类，维生素 B 族多，维生素 A、维生素 D 少。大豆营养成分见表 8。

表 8　大豆营养成分及含量（中国饲料数据库，2016 年版）

名称	含量	名称	含量
干物质 （%）	87.00	精氨酸 （%）	2.57
粗蛋白质 （%）	35.5	组氨酸 （%）	0.59
粗脂肪 （%）	17.3	异亮氨酸 （%）	1.28
粗纤维 （%）	4.30	亮氨酸 （%）	2.72
无氮浸出物 （%）	25.7	赖氨酸 （%）	2.20
粗灰分 （%）	4.20	蛋氨酸 （%）	0.56
钙 （%）	0.27	胱氨酸 （%）	0.70
总磷 （%）	0.48	苯丙氨酸 （%）	1.42
有效磷 （%）	0.14	酪氨酸 （%）	0.64
猪消化能 （MJ/kg）	16.61	苏氨酸 （%）	1.41
猪代谢能 （MJ/kg）	14.77	色氨酸 （%）	0.45
猪净能 （MJ/kg）	11.29	缬氨酸 （%）	1.50

（2）大豆的加工　生大豆中存在多种抗营养因子，主要有胰蛋白酶抑制因子、大豆抗原蛋白、血细胞凝集素、脲酶、皂苷、胃肠胀气因子等。大豆抗原蛋白能够引起仔猪肠道过敏和损伤，产生腹泻。

由于生大豆含有多种抗营养因子，直接饲喂会造成动物下痢和生长抑制，饲喂价值较低，生产中一般不直接使用生大豆。加热可以破坏大豆中不耐热的抗营养因子如胰蛋白酶抑制因子、血细胞凝集素等，从而提高蛋白质的利用率，提高大豆的饲喂价值。大豆的热加工方法主要有以下几种：

第一是焙炒：此为早期使用的方法，是将精选的生大豆用锅炒加热。

第二是干式挤压法：在不加水及蒸汽情况下，直接将粗碎大豆送入螺旋挤压机，利用挤压过程中产生的高温、高热、高压达到消除抗营养因子的目的，产品由小孔喷出。该法所需动力比湿式挤压法高，但因减少调制及干燥过程，故操作容易，投资成本低。

第三是湿式挤压法：粗碎的大豆先进入注入水蒸气的调质机，以提高物料水分及温度，再进入高温、高热、高压的螺旋挤压机，最后由小孔喷出。

第四是其他方法：如爆裂法、微波处理等方法。

（3）大豆的质量标准　中华人民共和国农业行业标准《饲料用大豆》（GB/T 20411—2006）中规定：色泽、气味正常，杂质含量不超过1%，生霉粒不超过2%，水分含量不得超过13.0%。定级质量指标分为3级，饲料用大豆质量标准见表9。

表 9　饲料用大豆等级质量标准（GB/T 20411—2006）

等级	不完善粒（%）		粗蛋白质（%）
	合计	其中：热损伤粒	
1	≤ 5	≤ 0.5	≥ 36
2	≤ 15	≤ 1.0	≥ 35
3	≤ 30	≤ 3.0	≥ 34

（4）大豆的饲用价值　生大豆在畜禽（牛除外）饲料中禁止使用。生大豆喂猪可导致腹泻和生产性能下降，而加热处理的全脂大豆对猪有良好的饲喂效果。在猪饲粮中应用生大豆作为唯一蛋白质来源，与大豆粕相比，会增加仔猪腹泻率、降低生长肥育猪的增重和饲料转化率、降低母猪生产性能，而经过加热处理的全脂大豆因其良好的效果在养猪生产中得到越来越多的应用。全脂大豆因其蛋白质和能量水平都较高，是配制仔猪配合饲料的理想原料，经过充分热处理的全脂大豆可以代替仔猪饲粮中的乳清粉、鱼粉或豆粕，而对仔猪无不良影响。用10% ~ 15%全脂大豆饲喂生长肥育猪，比用大豆粕能获得更高的增重速度和饲料转化率，在一定程度上还可提高屠宰率，但若添加比例过大，则会影响胴体品质，尤其是影响脂肪的硬度。全脂大豆饲喂母猪，可以产生高脂初乳和乳汁，提高母猪产奶量，增加仔猪糖原储备，获得更多的断奶仔猪，提高仔猪断奶体重。不同品种的猪对大豆抗营养因子的反应不同，在饲料转化率、日增重、采食量等方面，与国外猪种相比，中国地方品种表现出更强的耐受力。

2. 膨化大豆

膨化大豆是全脂大豆经清理、破碎（磨碎）、膨化处理获得的产品。膨化大豆具有高热能、高蛋白、高消化率，含有丰富的维生素 E 和卵磷脂，其油脂稳定，不易发生酸败，适口性好，保存时间长等优点。

膨化大豆对肉鸡、蛋鸡、仔猪和水产动物均有良好的饲养效果。特别是在乳猪饲料中，可以取代豆粕、鱼粉，防止仔猪腹泻，改善适口性，提高仔猪生长速度。用于粉状肉鸡饲料其用量宜在 10% 以下，否则影响采食量，造成增重的降低，肉鸡颗粒饲料则无此影响。蛋鸡饲料中能完全取代豆粕，可提高蛋重并明显改变蛋黄中脂肪酸组成，显著提高亚麻油酸及亚油酸含量。

3. 大豆饼（粕）

大豆饼是大豆籽粒经压榨取油后的副产品；大豆粕是大豆经预压浸提或直接溶剂浸提取油后获得的副产品，或由大豆饼浸提取油后获得的副产品，或大豆胚片经膨胀浸制油工艺提取油后获得的产品。

（1）大豆饼（粕）的营养特性 大豆饼（粕）粗蛋白质含量一般在 40% ~ 50% 之间，必需氨基酸含量高，组成合理，其中赖氨酸含量在饼粕类饲料中最高，为 2.4% ~ 2.8%，赖氨酸与精氨酸比例约为 100 ：130，较为合理；异亮氨酸含量也是饼粕类饲料中最高的，约 2.39%，异亮氨酸与缬氨酸比例是常见原料中最好的；色氨酸、苏氨酸含量也很高，与谷实类饲料配合可互补；蛋氨酸不足，以玉米 - 大豆饼（粕）为主的日粮，一般要额外添加蛋氨酸才能满足猪的营养需求。大豆饼（粕）粗纤维含量较低，主要来自大豆皮。无氮浸出物中淀粉含量低，主要是蔗糖、棉籽糖、水苏糖和多糖类。大豆饼（粕）胆碱、胡萝卜素、烟酸和泛酸含量高，核黄素和硫胺素含量少，维生素 E 在脂肪残量高和新鲜的产品中含量较高。大豆饼粕的矿物质中钙少磷多，约 61% 的磷为植酸磷，硒含量低。

大豆饼（粕）色泽佳、风味好，加工适当的大豆饼（粕）仅含微量抗营养因子，不易变质。与大豆饼相比，大豆粕脂肪含量较低，而蛋白质含量较高，且质量较稳定。先去皮再加工得到的去皮大豆粕，粗纤维含量低，一般在 3.3% 以下，蛋白质含量为 48% ~ 50%，营养价值较高。

（2）大豆粕的质量标准 国家标准规定饲料用大豆饼（粕）的感官性状为：呈黄褐色饼状或小片状（大豆饼），呈浅黄褐色或浅黄色不规则的碎片状或粗粉状（大豆粕）；色泽一致，无发酵、霉变、虫害及异味、异嗅；不得掺入饲料用大豆饼粕以外的东西。饲料用豆粕国家质量等级指标见表 10。

表 10 饲料用豆粕质量等级标准（GB/T 19541—2017）

项 目	等级			
	特级品	一级品	二级品	三级品
粗蛋白质（%）	≥ 48.0	≥ 46.0	≥ 43.0	≥ 41.0
粗纤维（%）	≤ 5.0	≤ 7.0	≤ 7.0	≤ 7.0
赖氨酸（%）	≥ 2.50		≥ 2.30	
水分（%）	≤ 12.5			
粗灰分（%）	≤ 7.0			
尿素酶活性（U/g）	≤ 0.30			
氢氧化钾蛋白质溶解度（%）	≤ 73.0			

＊大豆饼浸提取油后获得的饲料原料豆粕，该指标由供需双方约定。

（3）大豆饼（粕）的质量评定 大豆饼（粕）的质量及饲用价值主要受加热处理程度的影响，适度加热可破坏大豆饼粕抗营养因子，还可使蛋白质变性，氨基酸残基暴露，易于被体内蛋白酶水解，从而增加蛋白质的营养价值；但若温度过高、加热时间过长会使赖氨酸等碱性氨基酸的 ε – 氨基与还原糖发生美拉德反应，减少游离氨基酸的含量，反而降低蛋白质的营养价值；而若加热不足，抗营养因子的活性破坏不够充分，也会影响蛋白质的利用效率。大量研究认为：大豆胰蛋白酶抑制因子活性失活 75% ~ 85% 时，大豆饼（粕）蛋白质的营养效价最高。目前认为在生产大豆饼（粕）过程中，较好的方法为：一是 100℃的流动蒸汽处理 60min；二是高压蒸汽处理：0.035MPa处理 45min，或 0.07MPa 处理 30min、0.1MPa 处理 20min、0.14MPa处理 10min。

目前，评定大豆饼（粕）质量的指标主要为抗胰蛋白酶活性、脲酶活性、水溶性氮指数、维生素 B_1 含量、蛋白质溶解度等。许多研究结果表明，当大豆饼（粕）中的脲酶活性在 0.03 ~ 0.4范围内时，饲喂效果最佳。大豆饼（粕）最适宜的水溶性氮指数标准不一，一般在 15% ~ 30% 之间。

大豆饼（粕）加热程度是否适宜，也可用其颜色来判定。正常加热时为黄褐色；加热不足或未加热，颜色较浅或灰白色；加热过度呈暗褐色。

（4）大豆饼（粕）的饲用价值　适当加工处理的大豆饼（粕）是猪的优质蛋白质原料，适用于任何种类、任何阶段的猪。对猪适口性好，应防止猪过食。因大豆饼（粕）中粗纤维含量较多，多糖和低聚糖类含量较高，幼畜体内无相应消化酶，在人工代乳料中，应对大豆饼（粕）的用量加以限制，以小于 10% 为宜，否则易引起下痢。乳猪宜饲喂熟化的去皮大豆粕，生长育肥猪日粮中的蛋白饲料可全部由豆饼（粕）提供。

大豆饼（粕）适当加热后添加蛋氨酸，适用任何阶段的家禽，其他饼粕原料不及大豆饼粕。此外，大豆饼粕含有未知营养因子，可代替鱼粉应用于家禽饲料。加热不足的大豆饼粕能引起家禽胰脏肿大，发育受阻。

大豆饼（粕）是奶牛、肉牛的优质蛋白质原料，各阶段牛饲料中均可使用，适口性好，长期饲喂也不会厌食。采食过多会有软便现象，但不会下痢。牛可有效利用未经加热处理的大豆饼粕，含油脂较多的豆饼对奶牛有催乳效果，在人工代乳料和开食料中应加以限制。羊、马也可使用，效果优于生大豆。

在水产动物中，草食鱼及杂食鱼对大豆粕中蛋白质利用率很好，能够取代部分鱼粉作为蛋白质主要来源。

4. 发酵豆粕

发酵豆粕是以豆粕为主要原料（≥ 95%），以麸皮、玉米皮等为辅助原料，使用农业部《饲料添加剂品种目录》中批准使用的饲用微生物菌种进行固态发酵，并经干燥制成的蛋白质饲料原料产品。优质的发酵豆粕皆为棕黄色，加适量的水煮开后有很强且愉快的发酵酸香气，无氨臭；口尝略有酸涩味。

（1）营养特性　发酵豆粕降低抗营养因子或被消除，胰蛋白酶抑制因子一般 ≤ 200 TIU/ g，凝血素 ≤ 6 mg/g，寡糖 ≤ 1%，脲酶活性 ≤ 0.1mg/(g · min)，而抗营养因子植酸、伴豆球蛋白、致甲状腺肿素可有效去除，使大豆蛋白中的抗营养因子含量下降，基本上消除抗营养因子的抗营养作用。发酵豆粕中小肽含量占总蛋白的 70%，具有特殊生理调节功能的小肽含量超过12%。发酵豆粕提高蛋白质和氨基酸含量，富含多种生物活性物质。发酵豆粕改善了豆粕的蛋白品质，提高了消化利用率。

（2）饲用价值　发酵豆粕可补充活性益生菌，增强有益微生物的生长繁殖，抑制大肠杆菌、沙门氏菌等有害菌的生长，改善肠道的微生态平衡，减少疾病的发生。发酵豆粕具有独特的发酵芳香味，诱食性极佳，改善饲料风味，增加动物食欲，提高动物采食量，促进生长、降低料耗。

动物推荐用量：乳猪 5%~15%，仔猪 10%~25%，中大猪 5%~8%，怀孕母猪 5%~8%，哺乳母猪 5%~10%；种蛋禽10%~20%，肉小禽 5%~10%；牛、羊 5%~15%；淡水鱼 5%~15%。

5. 菜籽饼（粕）

菜籽粕是油菜籽经预压浸提或直接溶剂浸提取油后获得的副产品，或由菜籽饼浸提取油后获得的副产品。菜籽饼（粕）

是一种良好的蛋白质原料，目前大部分用于饲料，但因其含有有毒有害物质和抗营养因子，在饲料中的使用量受到极大限制。菜籽饼（粕）需优化处理，以提高菜籽饼（粕）高效利用。

（1）菜籽饼（粕）营养特性 菜籽饼（粕）均含有较高的粗蛋白质，为34% ~ 38%。氨基酸组成平衡，含硫氨酸较多，精氨酸与赖氨酸的比例适宜；粗纤维含量较高，为12% ~ 13%，有效能值较低，猪的消化能为9.41MJ/kg；碳水化合物为不易消化的淀粉，且含8%的戊聚糖。矿物质中钙、磷含量均高，但大部分磷为植酸磷，富含铁、锰、锌、硒，尤其是硒含量远高于豆饼；胆碱、叶酸、烟酸、核黄素、硫胺素均比豆饼高，但胆碱与芥子碱呈结合状态，不易被肠道吸收。

菜籽饼（粕）含有的硫葡萄糖甙、芥子碱、植酸和单宁等抗营养因子，影响适口性。与普通菜籽饼粕相比，"双低"菜籽饼（粕）粗蛋白质、粗纤维、粗灰分、钙、磷等常规成分含量差异不大，有效能略高，赖氨酸含量和消化率显著高于普通菜籽饼粕，蛋氨酸、精氨酸略高。菜籽饼（机榨）与菜籽粕（浸提）成分及营养价值见表11。

表11 菜籽饼（粕）成分及营养价值（中国饲料数据库，2016版）

名称	机榨2级	浸提2级	名称	机榨2级	浸提2级
干物质（%）	88.0	88.0	精氨酸（%）	1.82	1.83
粗蛋白质（%）	35.7	38.6	组氨酸（%）	0.83	0.86
粗脂肪（%）	7.4	1.4	异亮氨酸(%)	1.24	1.29
粗纤维（%）	11.4	11.8	亮氨酸（%）	2.26	2.34
无氮浸出物(%)	26.3	28.9	赖氨酸（%）	1.33	1.30
粗灰分（%）	7.2	7.3	蛋氨酸（%）	0.60	0.63
钙（%）	0.59	0.65	胱氨酸（%）	0.82	0.87
总磷（%）	0.96	1.02	苯丙氨酸(%)	1.35	1.45

续表

名称	机榨2级	浸提2级	名称	机榨2级	浸提2级
有效磷（%）	0.33	0.35	酪氨酸（%）	0.92	0.97
猪消化能(MJ/kg)	12.05	10.59	苏氨酸（%）	1.40	1.49
猪代谢能(MJ/kg)	10.71	9.33	色氨酸（%）	0.42	0.43
猪净能(MJ/kg)	6.63	5.82	缬氨酸（%）	1.62	1.74

（2）质量标准 饲料用菜籽饼（粕）感官性状为褐色、小瓦片状、片状或饼状（菜籽饼），为黄色或浅褐色、碎片或粗粉状（菜籽粕）；具有菜籽油的香味；无发酵、霉变、结块及异嗅。菜籽饼（粕）现行的有效标准有饲料用菜籽粕（GB/T 23736—2009）、菜籽粕（GB/T 22514—2008）、饲料用菜籽粕（NY/T 126—2005）和饲料用低硫苷菜籽饼（粕）（NY/T 417—2000），其中 GB/T 23736—2009 根据菜籽粕中异硫氰酸酯的含量将其分为低异硫氰酸酯菜籽粕（≤750mg/kg）、中含量异硫氰酸酯菜籽粕（750 mg/kg＜异硫氰酸酯≤2 000 mg/kg）和高异硫氰酸酯菜籽粕（2 000 mg/kg＜异硫氰酸酯≤4 000 mg/kg），其他质量指标见表12。

表12 饲料用菜籽粕技术标准及分级标准（GB/T 23736—2009）

项 目	等级			
	一级	二级	三级	四级
粗蛋白（%）≥	41.0	39.0	37.0	35.0
粗纤维（%）≤	10.0	12.0		14.0
赖氨酸（%）≥	1.7		1.3	
粗灰分（%）≤	8.0		9.0	
粗脂肪（%）≤	3.0			
水分（%）≤	12.0			

注：各项质量指标含量除水分以原样为基础计算外，其他均以88%干物质为基础计算。

（3）饲用价值　菜籽饼（粕）因含有多种抗营养因子，饲喂价值明显低于大豆粕，并可引起猪甲状腺肿大，采食量下降，生产性能下降。菜籽粕可以作为猪饲料中的蛋白质的补充料。肉猪用量应限制在5%以下，母猪则低于3%，经处理后的菜籽饼（粕）或"双低"品种的菜籽饼（粕），肉猪可用至15%，但为防止软脂现象，用量应低于10%。种猪用至12%对繁殖性能并无不良影响，但也应限量使用。

对蛋鸡饲料，双低菜粕或经处理的普通菜籽粕的添加量一般应限制在3%以内。肉鸡、火鸡和水禽饲料中建议不添加菜籽粕。在奶牛饲料和肉牛饲料中，"双低"菜籽粕或经处理的菜籽粕可以取代豆粕或棉粕，建议不要超过精料的20%。

6. 棉籽饼（粕）

棉籽饼是棉籽经脱绒、脱壳和压榨取油后的副产品。棉籽粕是棉籽经脱绒、脱壳、仁壳分离后，经预压浸提或直接溶剂浸提取油后获得的副产品，或由棉籽饼浸提取油获得的副产品。

（1）营养特性　棉籽饼（粕）的粗蛋白含量较高，达34%以上，棉仁饼（粕）的粗蛋白含量可达41%～44%；赖氨酸较低，仅相当于大豆饼（粕）的50%～60%，精氨酸含量较高，赖氨酸与精氨酸比例在100∶270以上，蛋氨酸含量低；钙少磷多，71%左右的磷为植酸磷，含硒少；维生素B_1含量较多，维生素A、维生素D少；粗纤维含量主要取决于制油过程中棉籽脱壳程度，国产棉籽饼（粕）粗纤维含量达13%以上，脱壳较完全的棉仁饼（粕）粗纤维含量约12%；有效能值低于大豆饼（粕）；抗营养因子主要为棉酚、环丙烯脂肪酸、单宁和植酸。棉籽饼（机榨)与棉籽粕(浸提)成分及营养价值见表13。

表 13　棉籽饼成分及营养价值（中国饲料数据库，2016 版）

名称	机榨2级	浸提1级	浸提2级	名称	机榨2级	浸提1级	浸提2级
干物质（%）	88.0	90.0	90.0	精氨酸(%)	3.94	5.44	4.65
粗蛋白质（%）	36.3	47.0	43.5	组氨酸(%)	0.90	1.28	1.19
粗脂肪（%）	7.4	0.5	0.5	异亮氨酸(%)	1.16	1.41	1.29
粗纤维（%）	12.5	10.2	10.5	亮氨酸(%)	2.07	2.60	2.47
无氮浸出物（%）	26.1	26.3	28.9	赖氨酸(%)	1.40	2.13	1.97
粗灰分（%）	5.7	6.0	6.6	蛋氨酸(%)	0.41	0.65	0.58
钙（%）	0.21	0.25	0.28	胱氨酸(%)	0.70	0.75	0.68
总磷（%）	0.83	1.1	1.04	苯丙氨酸(%)	1.88	2.47	2.28
有效磷（%）	0.28	0.38	0.36	酪氨酸(%)	0.95	1.46	1.05
猪消化能(MJ/kg)	9.92	9.41	9.68	苏氨酸(%)	1.14	1.43	1.25
猪代谢能(MJ/kg)	8.79	8.28	8.43	色氨酸(%)	0.39	0.57	0.51
猪净能(MJ/kg)	5.95	5.17	5.32	缬氨酸(%)	1.51	1.98	1.91

（2）质量标准　棉籽饼的感官性状为小片状或饼状，色泽呈新鲜一致的黄褐色；无发酵、霉变、虫蛀及异味、异嗅；水分含量不得超过 12.0%；不得掺入饲料用棉籽饼以外的东西。饲料用棉籽粕（GB/T 21264—2007）根据棉籽粕游离棉酚的含量，将棉籽粕分为高酚棉籽粕（750 mg/kg ＜游离棉酚 ≤ 1 200 mg/kg）、中酚棉籽粕(300 mg/kg＜游离棉酚 ≤ 750 mg/kg)和低酚棉籽粕（游离棉酚 ≤ 300mg/kg）。棉籽饼（粕）具体质量标准见表 14。

表 14　**饲料用棉籽粕技术指标与分级**（GB/T 21264—2007）

指标	等级				
	一级	二级	三级	四级	五级
粗蛋白（％）	≥ 50	≥ 47	≥ 44	≥ 41	≥ 38
粗纤维（％）	≤ 9	≤ 12	≤ 14		≤ 16
粗灰分（％）	≤ 8		≤ 9		
粗脂肪（％）	≤ 2.0				

（3）饲用价值　品质好的棉籽饼（粕）是猪良好的蛋白质饲料原料，代替饲料中 50% 大豆饼（粕）无副效应，但需补充赖氨酸、钙、磷和胡萝卜素等。品质差的棉籽饼（粕）或使用量过大会影响适口性，并有中毒可能。棉籽仁饼（粕）是猪良好的色氨酸来源，但其蛋氨酸含量低，一般乳猪、仔猪饲料不用棉籽饼（粕）。游离棉酚含量低于 0.05% 的棉籽饼（粕），在肉猪饲粮中可用至 10% ~ 20%，母猪饲料中可用至 3% ~ 5%；若游离棉酚高于 0.05%，应谨慎使用。在肉鸡中可用到 10% ~ 20%，产蛋鸡可用到 5% ~ 15%。未经脱毒处理的饼粕，饲粮中用量不得超过 5%。蛋鸡饲粮中游离棉酚含量在 200mg/kg 以下，不影响产蛋率。亚铁盐的添加可增强鸡对棉酚的耐受力。棉粕是反刍家畜的蛋白质来源。奶牛饲料中适当添加可提高乳脂率。

7. 花生粕

花生粕是花生经预压浸提或直接溶剂浸提取油后获得的副产品，或由花生饼浸提取油获得的副产品。花生粕为淡褐色或深褐色，有淡花生香味，形状为小块或粉状。

（1）营养特性　花生粕的营养价值较高，其代谢能是粕类饲料中最高的，粗蛋白质含量达 48% 以上，精氨酸含量高达 5.2%，是所有动、植物饲料中最高的。赖氨酸含量只有大豆饼粕的 50% 左右。蛋氨酸含量也较低，而维生素及矿物质含量与其他饼、粕类饲料相近。

花生果仁中含有胰蛋白酶抑制因子，加热可将抑制因子破坏，但温度过高会影响蛋白质的利用率。花生粕很容易感染黄曲霉菌而产生黄曲霉毒素。蒸煮、加热对去除黄曲霉毒素无效，因此对花生粕中黄曲霉毒素含量应进行严格的检测，国家卫生标准规定黄曲霉毒素的允许量需低于 0.05 mg/kg。

（2）饲用价值　花生粕可用于饲喂猪、鸡等单胃动物和反刍家畜，适口性很好。但由于花生粕的氨基酸组成欠佳，同时易感染黄曲霉菌，所以饲用量受到一定限制。花生粕尽量不要用于雏鸡，育成鸡可用到 6%，产蛋鸡可用到 9%。但为避免黄曲霉毒素中毒，雏鸡、肉鸡前期最好不用，其他阶段用量宜在 4%以下。花生粕是猪饲料中较好的蛋白源，猪喜食，但不宜多喂，一般不超过 15%，否则猪体脂肪会变软，影响胴体品质。

（三）块茎、块根及其加工产品

此类饲料主要包括薯类（甘薯、马铃薯、木薯）、白萝卜、胡萝卜、菊苣、藕、甜菜渣和食用瓜类及其加工产品。这类饲料干物质中主要是无氮浸出物，而蛋白质、脂肪、粗纤维、粗灰分等较少或贫乏。甘薯和木薯及其副产物在畜禽饲料中使用较多，而较少使用马铃薯直接作为畜禽饲料，表 15 列出了薯类的养分含量。

表 15　薯类中养分含量（%）

类别	干物质	粗蛋白质	粗脂肪	无氮浸出物	粗纤维	粗灰分
甘薯干	87.0	4.0	0.8	76.4	2.8	3.0
马铃薯块茎	28.4	4.6	0.5	11.5	5.9	5.9
马铃薯秧	20.5	2.3	0.1	15.9	0.9	1.3
干马铃薯渣	86.5	3.9	1.0	71.4	8.7	1.5
木薯干	87.0	2.5	0.7	79.4	2.5	1.9

1.甘薯

甘薯又名红薯、白薯、山芋、红苕、地瓜等。甘薯原产于南美洲，几乎遍及全世界，主要分布于中国、墨西哥、印度、印度尼西亚、美国、日本和非洲各地。我国是世界第一大甘薯生产国，甘薯年产量超过1亿t，甘薯藤产量也达到1亿t以上，占世界总产量的80%。

（1）营养特性 新鲜甘薯中水分含量可达75%左右，脱水甘薯块中主要是无氮浸出物，含量达80%以上，其中绝大部分是淀粉，粗纤维含量低，但有效能值低于玉米等谷实。甘薯中粗蛋白质含量为4%左右，且蛋白质品质较差，含有胰蛋白酶抑制因子，加热可使其失活。

（2）饲用价值 甘薯有甜味，适口性好，生喂或熟喂畜禽都爱吃。甘薯不论是生喂还是熟喂，都应将其切碎或切成小块，以免牛、羊、猪等动物食道梗塞。甘薯粉动物食之易产生饱腹感，故应控制其在饲粮中的用量；在鸡饲粮中占10%即可，在猪粮中可替代1/4的玉米，在牛粮中可代替50%的其他能量饲料。有黑斑病的甘薯不能作为动物的饲料。甘薯藤叶是猪、牛、羊的好饲料，青绿多汁，适口性好，鲜喂或青贮，其饲用效果都好。对于猪，将其切碎或打浆，拌入糠麸后投喂。对于牛、羊，整喂或切短喂均可。动物采食过多的甘薯藤叶会出现拉稀，故应注意控制喂量。甘薯藤青贮和甘薯发酵可以直接饲喂生猪，体重20kg以上的生长育肥猪、母猪饲喂甘薯藤和甘薯发酵料，

表16 甘薯发酵料养猪头日喂推荐量（kg）

品 种	生长肥育猪（按体重阶段）			妊娠母猪前期	妊娠母猪后期	泌乳母猪
	20 ~ 30	30 ~ 60	≥ 60			
甘薯发酵	≤ 0.5	0.5 ~ 1.0	1.0 ~ 2.0	2.0	1.0	1.5
甘薯藤青贮	≤ 1.0	1.0 ~ 1.5	1.5 ~ 3.0	2.0 ~ 3.0	2.0	1.5 ~ 2.0

青贮甘薯藤和发酵甘薯的用量占到日粮 15% ~ 30%，用量参照表 16 中比例进行使用。

2. 木薯

木薯是一种多年生灌木，与甘薯、马铃薯合称世界三大薯类，有"地下粮仓""淀粉之王"和"能源作物"之美称。木薯在我国广东、广西、福建、云南、海南、台湾等省区种植较多。木薯不仅是杂粮作物，而且也是良好的饲料作物，其块根用作能量饲料。

（1）营养特性　木薯中各成分的组成受地理位置、品种、生长期及自然环境等因素的影响。木薯块根中淀粉含量最多，几乎占鲜薯重量的 32 % ~ 35 %，干木薯重量的 70 %。鲜木薯中蛋白质含量为 0.4% ~ 1.5%，干木薯中为 1% ~ 3%，并含有少量维生素和矿物质等多种营养素。木薯中含有毒物亚麻仁苦苷，其含量随品种、气候、土壤、加工条件等不同而异。脱皮、加热、水煮、干燥可除去或减少木薯中有毒物，干燥一般可清除 75% 的氰苷。

木薯干饲料质量标准（NY/T 120-2014），饲料用木薯干中氰化物允许量在 100mg/kg 以内。

（2）饲用价值　木薯在饲用前，最好要测定其中氰化物含量，符合卫生标准方能饲用。若超标，要对其脱毒处理。

在家禽饲粮中，木薯干用量一般控制在 10% 以下为宜。在肉猪和肉牛饲粮中用量在 30% 以内。

（四）乳制品

1. 乳清粉

乳清粉属于乳制品及其副产品类原料，同属此类的还有奶酪、奶油、乳粉、乳糖等。此类原料的强制性标识要求主要是蛋白质、粗灰分和乳糖的含量，奶油类则要求标识脂肪、酸价、过氧化氢值和水分含量。

（1）乳清粉的营养特性　乳清粉是以乳清为原料经干燥制成的粉末状产品。乳清粉的成分含量差异较大，受奶牛品种、季节、饲粮以及制作乳酪的种类等因素的影响。表17列出了乳清及其干物质中养分含量。

乳清粉中乳糖含量很高，一般高达70%以上。正因为如此，乳清粉常被看作是一种糖类物质；蛋白质含量较高，且主要是β-乳球蛋白质，营养价值很高；钙、磷含量较多，且比例合适；缺乏脂溶性维生素，但富含水溶性维生素，其中生物素30.4～34.6mg/kg，泛酸3.7～4.0mg/kg，维生素B_{12}2.3～2.6μg/kg；钠含量高，若仔猪日粮中用量过高，会引起动物下痢。

（2）乳清粉的质量标准　乳清粉应符合饲料级乳清粉（NY/T 1563—2007）质量要求，色泽为均匀一致的淡黄色粉末；具有乳清固有的滋味和气味，无异味，无结块；技术指标应符合表18的要求。

表17　乳清及其干物质中养分含量

指　标	含　量		指　标	含　量	
干物质（%）	6.6	100.0	干物质（%）	6.6	100.0
乳糖（%）	4.9	74.2	钙（%）	0.06	0.91
粗蛋白质（%）	0.9	13.6	磷（%）	0.05	0.75
粗脂肪（%）	0.2	3.0	钠（%）	0.06	0.91
赖氨酸（%）	0.06	0.91	可消化粗蛋白（g/kg）	8.6	130.3
蛋氨酸＋半胱氨酸（%）	0.03	0.45	消化能（MJ/kg）	1.1	16.7
粗灰分（%）	0.6	9.1			

表 18　乳清粉技术指标（NY/T 1563—2007）

项　目	指　标
乳糖（%）	≥ 61
粗蛋白质（%）	≥ 2.0
粗脂肪（%）	≤ 1.5
水分（%）	≤ 5.0
灰分（%）	≤ 8.0
酸度（°T）	≤ 2.0
砷（以 As 计）（mg/kg）	≤ 1.0
铅（mg/kg）	≤ 1.5
细菌总数（cfu/g）	≤ 15 000
大肠菌素（MPN/100g）	≤ 40
霉菌总数（cfu/g）	≤ 50
沙门氏菌	不得检出

（3）乳清粉的饲用价值　乳清粉是乳仔猪良好的饲料原料，乳清粉中的乳糖可以被乳酸杆菌发酵成乳酸，从而降低猪胃肠道 pH 值，促进乳酸杆菌增殖的同时抑制有害菌繁殖，减少下痢。乳清粉主要依赖进口，价格昂贵。乳清粉的添加量：乳猪诱食阶段以 15% ~ 25% 为宜；在断奶阶段以 5% ~ 10% 为宜。

（五）动物产品及其副产物

随着猪生产性能和饲养水平的不断提高，对日粮养分浓度尤其是日粮能量浓度的要求越来越高。要配制高能量饲粮，常规的饲料原料难以达到要求，因此，常需使用高能量含量的油脂。动物油脂是指分割可食用动物组织过程中获得的含脂肪部分，经熬油提炼获得的油脂。原料应来自单一动物种类，新鲜无变质或经冷藏、冷冻保鲜处理；不得使用发生疫病和含禁用物质的动物组织。该产品不得加入游离脂肪酸和其他非食用动物脂肪。

1. 油脂

（1）饲粮中添加油脂的目的

①油脂的总能和有效能远比一般能量饲料高。猪油总能为玉米总能的 2.14 倍。因此，油脂是配制高能量饲料的首选。

②油脂可作为溶剂，在消化道内促进脂溶性维生素的吸收；在血液中，帮助脂溶性维生素运输。

③油脂可延长饲料在消化道内停留时间，从而使饲料养分充分消化和吸收。

④油脂的热增耗值比碳水化合物、蛋白质低，因此利用率一般比蛋白质、碳水化合物高，在高温季节还能减轻动物的热应激。

⑤油脂能增强饲料风味，改善饲料外观，减少饲料养分损失，防止原料分级和减少粉尘，降低加工机械磨损程度，延长机器寿命。

（2）动物油脂类别的鉴别

①动、植物油脂的鉴别 由于动物油脂的不皂化物中含有胆固醇，而植物油脂的不皂化物中含有植物固醇，因此，根据不皂化物中固醇的类别即可将动、植物油脂分类。

②鱼油与亚麻油的鉴别 鱼油中的不饱和脂肪酸，经溴化反应产生溴化物，该物质不溶于热苯；而亚麻油中的亚麻酸所产生的溴化物可溶于热苯。据此可区分鱼油和亚麻油。

（3）鱼油的质量标准 中华人民共和国水产行业标准《饲料用鱼油》（SC/T 3504—2006）的技术要求中规定：鱼油外观为浅黄色或橙红色油状液体，具有鱼油特有的微腥味，无鱼油酸败味；理化指标见表19，以水分及挥发物、酸价、过氧化值、不皂化物、碘价和 EPA（二十碳五烯酸）+DHA（二十二碳六烯酸）的含量为质量控制指标，将鱼油分成一级、二级和营养强化鱼油。

《饲料原料目录》规定鱼油的强制性标示为粗脂肪、酸价、碘价、丙二醛。

表 19　饲料用鱼油的理化指标（SC/T 3504—2006）

项目		一级	二级	营养强化鱼油
水分及挥发物（%）	≤	0.2	0.3	0.2
酸价（mgKOH/g）	≤	1.0	5.0	1.0
过氧化值（mmol/kg）	≤	6.0	8.0	3.0
不皂化物（%）	≤	3.0	3.0	3.0
碘价（g/100g）	≤	140		160
EPA+DHA 含量（%）（w/w）	≤	20		30

（3）鱼油的饲用价值　鱼油含有大量的不饱和脂肪酸，比植物油高，易变质，但仍是动物良好的热能来源。日粮添加鱼油可提高猪只抗病力，但鱼油用量太高，会使胴体脂肪质地变软，肌肉和脂肪带有鱼腥味。所以在使用鱼油时，要注意鱼油的添加量。

（4）油脂的饲用价值　油脂能增加饲料有效能值，改善饲料的适口性和利用率，提高猪只生长速度，提高泌乳量。人工乳和乳猪饲料中添加量一般不超过 6%，生长肥育猪饲料中添加量也不宜过多，母猪饲料中可添加 3% 左右。油脂含量过多会引起猪只腹泻，饲料利用率也会降低。

（5）油脂的储存　油脂应储存于非铜质的密闭容器中，储存期间应防止水分混入和气温过高。为了防止油脂酸败，可加入0.01% 的抗氧化剂。常用的抗氧化剂为丁羟甲氧基苯和丁羟甲苯。添加方法是：液态油脂，直接将抗氧化剂加入并混匀；固态油脂，将油脂加热熔化，再加入抗氧化剂并混匀。

2. 肉骨粉

肉骨粉属于陆生动物产品及其副产品中肉、骨及其加工产品类，此类产品还包括肉、肉粉、明胶等。此类产品对原料的要求高，不得使用发生疫病和变质的动物组织进行加工生产，原料必须来源于同一种动物，且要标明具体动物种类。

（1）肉骨粉的营养特性 肉骨粉以分割可食用鲜肉过程中余下的部分为原料，经高温蒸煮、灭菌、脱脂、干燥、粉碎获得的产品。原料来源于同一动物种类，除不可避免的混杂，不得添加蹄、角、畜毛、羽毛、皮革及消化道内容物。不得使用发生疫病和含禁用物质的动物组织。因原料组成和肉、骨的比例不同，肉骨粉的质量差异较大，粗蛋白质 20% ~ 50%，赖氨酸 1% ~ 3%，含硫氨基酸 3% ~ 6%，色氨酸低于 0.5%；粗灰分为 26% ~ 40%，钙 7% ~ 10%，磷 3.8% ~ 5.0%，钙含量不超过磷含量的 2.2 倍，是动物良好的钙磷原料；脂肪 8% ~ 18%；维生素 B_{12}、烟酸、胆碱含量丰富，维生素 A、维生素 D 含量较少；酸价 ≤ 9.0mgKOH/g；胃蛋白酶消化率不低于 85%。

（2）肉骨粉的质量标准 饲料用肉骨粉应符合饲料用骨粉及肉骨粉(GB/T 20193—2006)的标准，为黄至黄褐色油性粉状物，具肉骨粉固有气味，无腐败气味，加入抗氧剂时应标明其名称。应符合饲料卫生标准(GB 13078)的规定，沙门氏杆菌不得检出。铬含量 ≤ 5 mg/kg，总磷含量 ≥ 3.5%，粗脂肪含量 ≤ 12.0%，粗纤维含量 ≤ 3.0%，水分含量 ≤ 10.0%，钙含量应当为总磷含量的 180% ~ 220%。以粗蛋白质、赖氨酸、胃蛋白酶消化率、酸价、挥发性盐基氮、粗灰分为等级指标将肉骨粉分为三级，见表 20。

（3）肉骨粉的饲用价值 肉骨粉虽作为一类蛋白质饲料原料，可与谷类饲料搭配补充蛋白质不足，但因其成分复杂，品质差异很大。加工过程中，热处理过度的产品适口性和消化率均下降；贮存不当时，脂肪易氧化酸败，影响适口性和动物产品品质。肉骨粉的原料很易感染沙门氏菌，在加工处理过程中要严格消毒。

表 20　饲料用肉骨粉等级质量标准（GB/T 20193—2006）

等级	质 量 指 标					
	粗蛋白质 (%)	赖氨酸 (%)	胃蛋白酶消化率 (%)	酸价（mgKOH/g）	挥发性盐基氮 (mg/100g)	粗灰分 (%)
1	≥ 50	≥ 2.4	≥ 88	≤ 5	≤ 130	≤ 33
2	≥ 45	≥ 2.0	≥ 86	≤ 7	≤ 150	≤ 38
3	≥ 40	≥ 1.6	≥ 84	≤ 9	≤ 170	≤ 43

3. 血粉

血粉是以屠宰食用动物得到的新鲜血液为原料，经干燥获得的产品，属于陆生动物产品及其副产品中血液制品类。此类产品还包括血浆蛋白粉、血球蛋白粉、血红素蛋白粉等。与肉骨粉相同，由于同样存在疫病传播的风险，要求原料来源于同一动物种类，不得使用发生疫病和变质的动物血液。

（1）血粉的营养特性　血粉粗蛋白质含量不低于85%。血粉的氨基酸组成非常不平衡，赖氨酸居天然饲料之首，达6%～9%，色氨酸、亮氨酸、缬氨酸含量也高于其他动物性蛋白，但缺乏异亮氨酸、蛋氨酸。血粉的蛋白质和氨基酸利用率与其加工方法、干燥温度、干燥时间长短有很大关系，通常持续高温干燥会使氨基酸的利用率降低，低温喷雾法生产的血粉优于蒸煮法生产的血粉。血粉中钙、磷含量少，铁含量很高，约 2 800mg/kg。

（2）血粉的饲用价值　血粉适口性差，氨基酸组成不平衡，并具黏性，在饲料中过量添加，易引起动物腹泻，因此饲粮中血粉的添加量不宜过高。成年猪饲料中用量不应超过4%。不同种类动物的血源及新鲜度是影响血粉品质的一个重要因素。使用血粉要考虑新鲜度，防止微生物污染。由于血粉自身的氨基酸利用率不高，氨基酸组成也不理想，因此，应科学利用血粉的营养特性，在设计饲料配方时尽可能与异亮氨酸含量高和缬氨酸较低饲料配伍。

4. 鱼粉

（1）鱼粉的营养特性　鱼粉的主要营养特性是蛋白质含量高，一般脱脂全鱼粉的粗蛋白质含量高达60%以上。氨基酸组成齐全、平衡，其主要氨基酸与猪体组织氨基酸组成基本一致。钙、磷含量高，比例适宜；碘、硒含量高；富含维生素B_{12}、脂溶性维生素A、维生素D、维生素E和未知生长因子。鱼粉不仅是一种优质蛋白源，而且是一种不易被其他蛋白质饲料完全取代的动物性蛋白质饲料。但其营养成分因产地、生产原料和生产工艺不同，差异较大。

进口鱼粉质量因生产国的工艺和原料而异。秘鲁鱼粉和白鱼鱼粉质量较好，粗蛋白质含量可达60%以上，含硫氨基酸比国产鱼粉高1倍左右，赖氨酸也明显高于国产鱼粉。国产鱼粉由于原料品种、加工工艺不规范，产品质量参差不齐。通常真空干燥法或蒸汽干燥法制成的鱼粉，蛋白质利用率比用烘烤法制成的鱼粉约高10%。鱼粉中一般含有6% ~ 12%的脂类，其中不饱和脂肪酸含量较高，极易被氧化。

（2）鱼粉的质量标准

①鱼粉的品质鉴别

A. 色泽与气味　不同种类的鱼粉均具鱼腥味，但其色泽具有差异性，鲱鱼粉呈淡黄或淡褐色；沙丁鱼粉呈红褐色；鳕鱼等白体鱼粉呈淡黄色或灰白色。蒸煮不透、压榨不完全、含脂较高的鱼粉颜色都较深；具有酸、臭和焦灼腐败味的鱼粉，其品质欠佳。

B. 定量检测　鱼粉一般应定量检测水分、蛋白质、主要氨基酸、粗脂肪、酸价、挥发性盐基氮、盐分以及钙、磷等指标。进口和国产鱼粉中水分含量一般在10%左右、粗蛋白含量一般在60%左右，进口鱼粉真蛋白比率≥80%，国产鱼粉≥75%；进口鱼粉赖氨酸含量≥4.6%，国产鱼粉≥4.4%。国产鱼粉粗脂肪含量不应超过10%，进口鱼粉不应超过12%；进口鱼粉酸价≤5.0mgKOH/g，国产鱼粉≤7.0mgKOH/g；进口鱼粉挥发性盐基氮≤120mg/100g，国产鱼粉≤150mg/100g；进口鱼粉含盐量为2%左右，国产鱼粉应小于5%。鱼粉中的钙含量一般为3.0%～6.0%，磷含量为2.0%～3.5%，霉菌总数≤3×10^3 cfu/g，沙门氏杆菌不得检出。

②鱼粉的质量标准 我国目前执行的鱼粉标准为GB/T 19164—2003和中华人民共和国标准《饲料卫生标准》（GB 13078）。GB/T 19164—2003标准适用于以鱼、虾、蟹类等水产动物及其加工的废弃物为原料，经蒸煮、压榨、烘干、粉碎等工序制成的饲料用鱼粉。饲料用鱼粉的感观要求和理化指标见表21和表22。

表21 饲料用鱼粉的感官要求（GB/T 19164—2003）

项目	特级品	一级品	二级品	三级品
色泽	红鱼粉黄棕色、黄褐色等鱼粉正常颜色；白鱼粉呈黄白色			
组织	膨松、纤维状组织明显、无结块、无霉变	较膨松、纤维状组织较明显、无结块、无霉变		松软粉状物、无结块、无霉变
气味	有鱼香味，无焦灼味和油脂酸败味			具有鱼粉正常气味，无异臭、无焦灼味和明显油脂酸败味

表 22 饲料用鱼粉的理化指标（GB/T 19164—2003）

项 目		指 标			
		特级品	一级品	二级品	三级品
粗蛋白质 (%)	≥	65	60	55	50
粗脂肪 (%)	≤	11（红鱼粉）	12（红鱼粉）	13	14
		9（白鱼粉）	10（白鱼粉）		
水分 (%)	≤	10	10	10	10
盐分（以 NaCl 计）(%)	≤	2	3	3	4
灰分 (%)	≤	16（红鱼粉）	18（红鱼粉）	20	23
		18（白鱼粉）	20（白鱼粉）		
砂分 (%)	≤	1.5	2.0	3.0	
赖氨酸 (%)	≥	4.6（红鱼粉）	4.4（红鱼粉）	4.2	3.8
		3.6（白鱼粉）	3.4（白鱼粉）		
蛋氨酸 (%)	≥	1.7（红鱼粉）	1.5（红鱼粉）	1.3	
		1.5（白鱼粉）	1.3（白鱼粉）		
胃蛋白酶消化率 (%)	≥	90（红鱼粉）	88（红鱼粉）	85	
		88（白鱼粉）	86（白鱼粉）		
挥发性盐基氮 (mg/100g)	≤	110	130	150	
油脂酸价（mgKOH/g）	≤	3	5	7	
尿素 (%)	≤	0.3	0.7		
组胺（红鱼粉）(mg/kg)	≤	300	500	1 000	1 500
组胺（白鱼粉）(mg/kg)	≤	40			
铬（以 6 价铬计）(mg/kg)	≤	8			
粉碎粒度 (%)	≥	96（通过筛孔为 2.80mm 的标准筛）			
杂质 (%)		不含非鱼粉原料的含氮物质（植物油饼粕、皮革粉、羽毛粉、尿素、血粉肉骨粉等）以及加工鱼露的废渣			

（3）鱼粉的饲用价值　鱼粉是一种优质动物蛋白饲料原料，但因其不饱和脂肪酸含量较高并具有鱼腥味，故在猪饲粮中使用量不可过多，否则导致畜产品异味，体脂变软，肉带鱼腥味。鱼粉中含有肌胃糜烂素，这是鱼粉中的组胺（组胺酸的衍生物）与赖氨酸反应生成的一种化合物，其中以沙丁鱼制得的鱼粉（红鱼粉）最易生成这种化合物，正常的鱼粉中含量不超过0.3mg/kg。当加工温度过高、时间过长或运输、贮藏过程中发生自燃，都会产生过多的肌胃糜烂素。使用鱼粉配方时应考虑鱼粉的盐、肌胃糜烂素含量以及对畜产品品质的影响。鲱鱼、西鲱鱼及鲤科鱼类体内含有破坏硫胺素的酶，在鱼粉不新鲜时会释放出来，大量摄入会引起硫胺素缺乏症。因此，在使用鱼粉时应考虑提高硫胺素的添加量。

乳仔猪、生长猪饲粮中鱼粉添加量应小于5%。为降低成本，育肥期猪饲料可不添加鱼粉。鱼粉应贮藏在干燥、低温、通风、避光的地方，防止发生变质。

（六）矿物质

常量矿物质饲料主要包括氯化钠、石粉、贝壳粉、膨润土、硫酸盐类、磷酸氢钙和磷酸二氢钙等，常用矿物质饲料原料中重金属砷、铅、汞、镉和氟的污染是影响其质量安全的重要因素。

1. 氯化钠

氯化钠即食盐，为白色，无可见外源异物，味咸，无苦涩味和异味。含氯化钠95.5%以上。氯化钠除提供钠和氯元素外，还有刺激食欲、促进消化的作用。一般畜禽配合饲料中食盐用量为0.25%~0.3%，用量过多易发生腹泻。猪饲料中通常含食盐0.5%以上，缺乏则影响食欲。肉牛精饲料中食盐配合量一般为0.6%。如果饲料中使用鱼粉、血粉、肉骨粉，则应该相应降低食盐添加量。

GB/T 23880—2009 规定了氯化钠的砷、铅、汞、钡、镉、亚铁氰化钾和亚硝酸盐等卫生指标，见表 23。

表 23　卫生指标

项　目		指标（mg/kg）
总砷（以 As 计）	≤	0.5
铅（以 Pb 计）	≤	2
总汞（以 Hg 计）	≤	0.1
氟（以 F 计）	≤	2.5
钡（以 Ba 计）	≤	15
镉（以 Cd 计）	≤	0.5
亚铁氰化钾（以 $[Fe(CN)^+_6]$ 计）	≤	10
亚硝酸盐（以 $NaNO_2$ 计）	≤	2

2. 含钙主要矿物质

（1）石粉　石粉是用机械方法直接粉碎天然含碳酸钙的石灰石、方解石、白垩沉淀、白垩岩等而制得。钙含量不低于35%，是一种常用的饲料钙源，但要注意砷、铅、镉、汞等重金属和氟超标。

（2）贝壳粉　贝壳粉称蛎壳粉，主要由蚌壳、牡蛎壳、蛤蜊壳、螺壳等烘干后制成的粉，是良好的钙质饲料，含碳酸钙96.4%，含钙量为38.0%，在养鸡上的用量与石粉基本相同。

（3）蛋壳粉　蛋壳粉是鸡蛋壳烘干后制成的粉。蛋壳粉含有有机物质，其中粗蛋白质含量在12.0%左右，含钙25%，用鲜蛋壳制粉要注意消毒，防止细菌污染带来疫病，产蛋鸡或生长鸡用蛋壳粉补钙效果良好。

3. 磷酸氢钙

磷酸氢钙为白色或淡黄色粉末或颗粒，难溶于水，易溶于稀盐酸、稀硝酸、醋酸中，吸湿性小。饲料级磷酸氢钙主要作为钙磷补充，GB/T 22549—2008 按照生产工艺将其分为三级，具体指标要求见表 24。

表 24　饲料级磷酸氢钙指标要求

项　目		指标		
		Ⅰ型	Ⅱ型	Ⅲ型
总磷含量 (%)	≥	16.5	19	21
枸溶性磷含量 (%)	≥	14	16	18
水溶性磷含量 (%)	≥	—	8	10
钙含量 (%)	≥	20	15	14
氟含量 (%)	≤	0.18		
砷含量 (%)	≤	0.003		
铅含量 (%)	≤	0.003		
镉含量 (%)	≤	0.001		
细度 粉状通过 0.5mm 试验筛 (%)	≥	95		
细度 粒状通过 2mm 试验筛 (%)	≥	90		

三、饲料添加剂

饲料添加剂的使用必须符合《饲料添加剂安全使用规范》(农业部公告第 1224 号) 和最新《饲料添加剂品种目录》及其修订目录。

《饲料添加剂安全使用规范》规定了 73 种添加剂，分别是氨基酸类 8 种添加剂、维生素类 29 种添加剂、微量元素类 23 种添加剂以及常量元素类 13 种添加剂。每种添加剂均推荐在配合饲料或全混合日粮中的添加量，规定了 38 种添加剂在配合饲料或全混合日粮中的最高限量（强制标准），还对 17 种添加剂作了其他要求，以保证饲料添加剂的安全使用，添加剂最高限量统计要求见表 25。

表 25 饲料添加剂安全使用统计概况

类别	规定化合物数量	在配合饲料或全混合日粮中的最高限量		其他要求	
		数量	占总数比例（%）	数量	比例（%）
氨基酸类	8	3	37.50	0	0.00
维生素类	29	7	24.14	2	6.90
微量元素类	23	23	100.00	5	21.74
常量元素类	13	5	38.46	10	76.92
合计	73	38	52.05	17	23.29

（一）营养性添加剂

营养性饲料添加剂是指用于补充饲料营养的少量或微量物质，主要包括常量元素、微量元素、维生素和氨基酸等。农业部第 1224 号公告发布了《饲料添加剂安全使用规范》（见附录四），公告对允许作为饲料添加剂使用的氨基酸、维生素、微量元素和常量元素的化合物通用名称、化学式、含量规格、适用动物、在配合饲料中的推荐用量及最高限量等内容进行了规定，促进添加剂的规范使用，保障添加剂使用安全。

1. 氨基酸类

氨基酸是构成蛋白质的基本单位。各种氨基酸对机体来说都不可缺少，但并非全部要由饲料来直接供给。只有那些在体内不能由组织细胞自我合成或合成速度不能满足机体需要的必需氨基酸，才需由饲料给予补充。

天然饲料的氨基酸含量差异大，且平衡性差。氨基酸添加剂，可平衡或补足畜禽特定生产所要求的氨基酸需要量，保证日粮中各种氨基酸含量和氨基酸之间的比例平衡。

（1）赖氨酸　赖氨酸是各种动物所必需的氨基酸，饲料添加剂使用的一般为 *L*- 赖氨酸盐酸盐。《饲料添加剂安全使用规范》中规定了赖氨酸工业生产的方式为发酵生产，通常以盐酸盐和硫酸盐两种形式存在，赖氨酸含量前者应≥78%，后者应≥51%。一般建议添加量为 0 ～ 0.5%，即 0 ～ 5 000g/t。

（2）蛋氨酸　蛋氨酸是一般饲料最易缺乏的一种氨基酸。天然存在的 *L*- 蛋氨酸与人工合成的 *DL*- 蛋氨酸的生物利用率完全相同，营养价值相等。猪饲料中蛋氨酸的添加量一般为0.05% ～ 0.2%，即 500 ～ 2 000g/t。以化学方法制备的 *DL*- 蛋氨酸，蛋氨酸含量应≥98.5%。

此外，目前已有工业化生产的蛋氨酸羟基类似物、蛋氨酸羟基类似物钙盐和 *N*- 羟甲基蛋氨酸钙。蛋氨酸羟基类似物又称液态羟基蛋氨酸，产品外观为褐色黏液。使用时可用喷雾器将其直接喷入饲料后混合均匀，操作时应避免该产品直接接触皮肤。据报道，作为蛋氨酸的替代品，蛋氨酸羟基类似物的效果按重量比计，相当于蛋氨酸的 65% ～ 88%。蛋氨酸羟基类似物钙盐是用液态羟基蛋氨酸与氢氧化钙或氧化钙中和，经干燥、粉碎和筛分后制得。作为蛋氨酸的替代品，蛋氨酸羟基类似物钙盐的效果按重量比计，相当于蛋氨酸的 65% ～ 86%。

（3）*L*- 色氨酸　一般情况下，除赖氨酸、蛋氨酸外，色氨酸是猪最易缺乏的必需氨基酸。*L*- 色氨酸产品外观为白色至淡黄色粉末，略有特异气味，难溶于水，含氮量13.7%。猪对 *DL*-色氨酸的相对活性是 *L*- 色氨酸的 80%，色氨酸在仔猪人工乳中应用普遍。在低蛋白饲料中添加色氨酸，对提高猪增重、改善饲料效率十分有效。一般添加量为 0.02% ～ 0.06%。

（4）苏氨酸　苏氨酸是必需氨基酸，共有四个异构体，常用的是 *L*- 苏氨酸。*L*- 苏氨酸产品外观为白色结晶或结晶性粉末；

无臭，味微甜；含氮量 11.7%。在以小麦、大麦等谷物为主的饲粮中，苏氨酸的含量往往不能满足动物需要。在大多数以植物性蛋白质为基础的猪饲料中，苏氨酸与色氨酸均为限制性氨基酸，随着猪饲粮中赖氨酸含量的增加，苏氨酸与色氨酸则成为影响猪生产性能的限制性因子。

2. 微量元素添加剂

微量元素是动物生存必需的营养素，在动物体内及饲料中含量虽少，但对于畜禽、水产生物的生长发育和健康却关系重大。为动物提供微量元素的矿物质饲料叫微量元素添加剂。畜禽饲料中需要添加的微量元素主要包括铁、铜、锌、钴、锰、碘与硒。这些微量元素除为畜禽提供必需的养分外，还能激活或抑制某些维生素、激素和酶的活性，对保证畜禽正常生理机能和物质代谢有着极其重要的作用。由于畜禽对微量元素的需要量极微，其添加剂生产必须预混合加工，防止混合不均匀导致畜禽中毒。

畜禽对微量元素添加剂需要量少，作用重要，但不能超过一定的用量，否则会影响饲料利用率和危害畜禽健康，还会影响畜禽产品质量安全和生态环境，为促进饲料工业和养殖业持续健康发展，根据《饲料添加剂安全使用规范》的要求，计算出铁、铜、锌、钴、锰、碘与硒等微量元素在饲料产品中的最高限量，以供大家参考，根据表 26 列出了不同饲料产品微量元素的最高限量。

特别注意的是，微量元素添加剂中的重金属砷、铅、镉含量容易超标，影响饲料安全。在国家抽检预混料时，发现有些预混料中镉严重超标，有的甚至高达 1 000 mg/kg。其原因是饲料添加剂原料硫酸锌中镉超标造成的。

表 26　饲料产品中微量元素最高限量标准

微量元素	畜种	元素在饲料产品中最高限量（mg/kg）					
		配合饲料或全混日粮	1%预混料	2%预混料	4%预混料	10%浓缩料	20%浓缩料
铁	家禽	750	75 000	37 500	18 750	7 500	3 750
	牛	750	75 000	37 500	18 750	7 500	3 750
	羊	500	50 000	25 000	12 500	5 000	2 500
	宠物	1250	125 000	62 500	31 250	12 500	6 250
	其他动物	750	75 000	37 500	18 750	7 500	3 750
铜[1]	仔猪（≤ 30 kg）	200	20 000	10 000	5 000	2 000	1 000
	生长肥育猪（30 ~ 60 kg）	150	15 000	7 500	3 750	1 500	750
	生长肥育猪（≥ 60 kg）	35	3 500	1 750	875	350	175
	种猪	35	3 500	1 750	875	350	175
	家禽	35	3 500	1 750	875	350	175
	鱼类	25	2 500	1 250	625	250	125
锌[2]	代乳料	200	20 000	10 000	5 000	2 000	1 000
	鱼类	200	20 000	10 000	5 000	2 000	1 000
	宠物	250	25 000	12 500	6 250	2 500	1 250
	其他动物	150	15 000	7 500	3 750	1 500	750
锰	鱼类	100	10 000	5 000	2 500	1 000	500
	其他动物	150	15 000	7 500	3 750	15 00	750
碘	蛋鸡	5	500	250	125	50	25
	奶牛	5	500	250	125	50	25
	水产动物	20	2 000	1 000	500	200	100
	其他动物	10	1 000	500	250	100	50
钴	养殖动物	2	200	100	50	20	10
硒[3]	养殖动物	0.5	50.0	25.0	12.5	5.0	2.5
铬[4]	生长猪	0.2	20.0	10.0	5.0	2.0	1.0

注：1. 碱式氯化铜没有推荐牛羊精料补充料和鱼料的添加量；牛、羊精料补充料中铜的最高限量为35mg/kg。

2. 仔猪断奶后前2周配合饲料中氧化锌形式的锌的添加量不超过2 250mg/kg。

3. 使用时应先制成预混剂，产品需标示最大硒含量和有机硒含量，如是有机硒产品，无机硒含量不得超过总硒的2.0%。

4. 饲料中铬的最高限量是指有机形态铬的添加限量。

（1）铁　含铁添加剂有硫酸亚铁、氯化亚铁、氯化铁、碳酸亚铁、蛋氨酸铁络（螯）合物、甘氨酸铁络（螯）合物、酵母铁、氨基酸铁络合物（氨基酸来源于水解植物蛋白）、柠檬酸亚铁、富马酸亚铁、乳酸亚铁等11种，常用的一般为硫酸亚铁。硫酸亚铁成本低，利用率高。有机铁能很好地被动物利用，毒性低，但价格昂贵，目前一般只有应用于幼畜日粮或高档饲料中。

（2）铜　含铜添加剂有氯化铜、硫酸铜、碱式氯化铜、蛋氨酸铜络（螯）合物、赖氨酸铜络（螯）合物、甘氨酸铜络（螯）合物、酵母铜、氨基酸铜络合物（氨基酸来源于水解植物蛋白）等8种，其中最常用的为硫酸铜，其次是氧化铜和碳酸铜。硫酸铜和氧化铜对雏鸡的增重效果相同，猪对硫酸铜、氧化铜和碳酸铜的利用效果基本相同。

硫酸铜的成本低，生物学效价高，饲料中应用最为广泛。除营养性添加剂外，在生长畜禽日粮中添加高剂量硫酸铜，能促进畜禽生长。尤其在饲养条件差的情况下，对幼畜使用效果特别显著，目前在促进仔猪生长中应用广泛，在促进仔鸡生长中应用很少。在铁、锌不足时长期使用高铜的日粮，可引起生长猪中毒，且猪肝铜浓度增加，对人的健康有威胁。另外，大量的铜不能被动物机体吸收而随粪便排出，会污染环境。

（3）锌　含锌的添加剂有硫酸锌、氧化锌、碳酸锌、氯化锌、乙酸锌、碱式氯化锌、蛋氨酸锌络（螯）合物、赖氨酸锌络（螯）合物、氨基酸锌络合物（氨基酸来源于水解植物蛋白）等9种，其中常用的为硫酸锌、氧化锌和碳酸锌。这三种化合物都很好地被动物所利用，生物学效价基本相同。但也有报道指出，氧化锌对1～3月龄仔猪的生物学有效性比含7个结晶水的硫酸锌低17%。对鸡而言，有机锌的生物学效价都高于硫酸锌的生物学效价。日粮中使用氧化锌作为锌源，高剂量的锌可有效减少腹泻，增进食欲，促进仔猪的生长。

（4）锰　含锰的添加剂有硫酸锰、氯化锰、氧化锰、碳酸锰、磷酸氢锰、蛋氨酸锰络（螯）合物、酵母锰、氨基酸锰络合物（氨基酸来源于水解植物蛋白）等8种，其中常用的为硫酸锰、氧化锰和碳酸锰。

（5）碘　含碘的添加剂有碘化钾、碘化钠、碘酸钾和碘酸钙等4种，其中碘化钾、碘化钠可为家畜充分利用，但稳定性差，易分解，造成碘的损失。碘酸钙、碘酸钾较稳定，其生物学效价与碘化钾相似，饲料中最常用的为碘化钾、碘酸钙。

（6）钴　含钴的添加剂有氯化钴、乙酸钴、硫酸钴等3种，这些钴源都能被动物很好地利用，但由于其加工性能与价格，碳酸钴、硫酸钴应用最为广泛，其次是氯化钴。

（7）硒　含硒的添加剂有亚硒酸钠和酵母硒2种，目前在缺硒地区几乎所有动物饲料中都添加硒。二者效果都很好，有机硒效果更好，但由于生产和价格，目前未广泛应用。目前广泛应用的是亚硒酸钠。

3. 维生素添加剂

维生素是个庞大的家族，现阶段所知的维生素就有几十种，可分为脂溶性和水溶性两大类。

（1）脂溶性维生素　脂溶性维生素包括维生素 A、维生素 D、维生素 E 和维生素 K。

①维生素 A　维生素 A 添加剂常见的有维生素 A 乙酸酯和维生素 A 棕榈酸酯。

A. 维生素 A 乙酸酯　由 $\beta-$ 紫罗兰酮为原料化学合成，加入抗氧化剂和明胶制成微粒，此颗粒为灰黄色至淡褐色，易吸潮，遇热或酸性物质，见光或吸潮后易分解。产品规格有 30 万 IU/g、40 万 IU/g 和 50 万 IU/g。

B. 维生素 A 棕榈酸酯　外观为黄色油状或者结晶固体。

这两种酯化产品都要求存放于密闭容器中，置于避光、防潮的环境中，温度最好在20℃以下，且温度变化不宜过大。经过预处理的维生素A酯，在正常贮存条件下，如果是在维生素预混料中，每月损失0.5%～1.0%；如果在维生素矿物质预混料中，每月损失2%～5%，在配合饲料中，温度在23.9～37.8℃时，每月损失5%～10%。

C. β-胡萝卜素　1mg β-胡萝卜素相当于1 667IU的维生素A活性。饲料中多用10%的 β-胡萝卜素预混剂，外观为红色至棕红色，流动性好的粉末。各种动物对 β-胡萝卜素的吸收率和吸收后转化成维生素A的效率不同，鸡最高，反刍动物次之，猪最低。

②维生素D

A.维生素 D_2 或维生素 D_3 干粉制剂　外观呈奶油色粉末，含量为50万或20万 IU/g。

B.维生素A/D微粒　将维生素A乙酸酯原油与含量为130万IU/g以上的维生素 D_3 为原料，配以一定量的抗氧化剂，采用明胶和淀粉等辅料，经喷雾法制得的微粒。每克该产品含有50万IU维生素A和10万IU维生素 D_3。

C.维生素 D_3 颗粒　维生素 D_3 颗粒是饲料工业中使用的主要添加剂，其原料为胆固醇。这种胆固醇可从羊毛酯中分离制得，然后经过酯化、溴化再脱溴和水解即得7－脱氢胆固醇，经紫外线照射得到维生素 D_3。维生素 D_3 添加剂是以含量为130万IU/g以上的维生素 D_3 为原料，配以一定量抗氧化剂，采用明胶和淀粉等辅料，经喷雾法制得的微粒。产品规格有30万IU/g、40万IU/g和50万 IU/g。

③维生素E　维生素E的主要商品形式有 D-α-生育酚、DL-α-生育酚、D-α-生育酚乙酸酯和 DL-α-生育酚乙酸酯。维生素E在饲料工业中应用的商品形式有两种：一是 DL-α-生育酚乙酸酯油剂，一般采用三甲基氢醌与异植物醇为原料，经化

学合成制得。为微绿黄色或黄色的黏稠液体，遇光颜色渐渐变深。另一种是维生素E粉剂，$DL-\alpha-$生育酚乙酸酯油剂加入适当的吸附剂制得，一般有效含量为50%，白色或浅黄色粉末，易吸潮。

维生素E本身是一种抗氧化剂，但它本身也容易被氧化失去活性，因为它是以自身的氧化来延缓其他物质的氧化。通常用吸附、喷射和固化对维生素E进行预处理。

④维生素K 维生素K主要有以下几种形式：

A．亚硫酸氢钠甲萘醌，有两种规格：一种含活性成分94%，未加稳定剂，稳定性差，另一种亚硫酸氢钠甲萘醌用明胶微囊包被，稳定性好，但价格贵，含活性成分25%或50%。

B．亚硫酸氢钠甲萘醌复合物，是甲萘醌和亚硫酸氢钠甲萘醌的复合物，含甲萘醌30%以上，不作为饲料添加剂。

C．亚硫酸嘧啶甲萘醌，含活性成分50%，稳定性好，但有一定毒性，不作为饲料添加剂。

（2）水溶性维生素

①维生素B_1（硫胺素） 用于饲料工业的主要有两种：一是盐酸硫胺素，该产品为白色结晶或结晶性粉末，有微弱的臭味，味苦。二是单硝酸硫胺素，为白色或微黄色结晶或结晶性粉末，有微弱的臭味，无苦味。两者折算成硫胺素的系数分别是0.892和0.811，大多数产品的活性成分含量达到96%以上。

②维生素B_2（核黄素） 主要商品形式是核黄素及其酯类，为黄色至橙色的结晶性粉末，添加剂常用的是含核黄素96%、80%、55%和50%等的制剂。

③烟酸 烟酸有两种形式，一是烟酸（尼克酸），另一种是烟酰胺，二者营养效价相同，但在动物体内吸收的形式是烟酰胺，活性成分含量为98%～99.5%。饲料工业使用的烟酰胺是烟酸与氨作用后生成，含量98%以上。

④胆碱 胆碱的商品形式是氯化胆碱，是胆碱与盐酸反应得

到的白色结晶，有液态和粉粒两种形式。液态氯化胆碱的有效成分为70%，为无色透明的黏稠液体，具有特异的臭味和很强的吸湿性。固态氯化胆碱的有效成分为50%和60%，以70%的氯化胆碱水溶液为原料加入脱脂米糠、玉米芯粉、稻壳粉、麸皮、无水硅酸等赋性剂而制成，吸湿性很强。

氯化胆碱本身稳定，未开封的产品至少可储存2年以上，在使用中，最值得注意的是胆碱对其他维生素有极强的破坏作用，特别是在有金属元素存在时，对维生素A、维生素D、维生素K的破坏较快。因此，在生产中最好不要将胆碱加入到预混料中，直接加入到全价料中去，减少胆碱与其他维生素的接触。

⑤泛酸 游离泛酸不稳定，吸湿性强，生产中常做成其钙盐。

D–泛酸钙为白色粉末，无臭，味苦，易溶于水。泛酸钙的活性成分是泛酸，含量有98%、66%和50%的几种。泛酸钙单独存放稳定性较好，但不耐酸、碱和高温。在pH值大于8或小于5的环境下损失加快。在多维预混料中，泛酸与烟酸有配伍禁忌，同时注意防潮。

⑥维生素B_6 维生素B_6商业制剂为盐酸吡哆醇，外观为白色至微黄色结晶粉末，易溶于水，微溶于乙醇，对热敏感，遇光和紫外线易分解。维生素B_6稳定性好，应贮存于阴凉干燥处。

⑦生物素 生物素的添加形式是D–生物素，纯品干燥后含生物素98%以上，商品可含相当于标示量的90%~120%。商品制剂一般用淀粉、脱脂米糠等稀释成粉末产品，含生物素1%或2%。外观为白色至淡黄色粉末，无臭无味。

⑧叶酸 叶酸产品有效成分在98%以上，因具有黏性，需要加入稀释剂降低其浓度，一般叶酸添加剂商品活性含量仅有3%或者4%。

⑨维生素B_{12} 主要商品形式有氰钴胺、羟基钴胺等。外观为红褐色细粉，以碳酸钙做载体，有1%、2%等剂型作为添加剂。

⑩维生素 C 维生素 C 的商品形式为抗坏血酸、抗坏血酸钠、抗坏血酸钙以及包被抗坏血酸。有 100% 的结晶，50% 的脂质包被产品以及 97.5% 的乙基纤维素包被产品等产品形式。其中包被的产品比未包被的结晶稳定性高 4 倍多。由于维生素 C 的稳定性差，目前饲料工业中使用的产品一般为稳定型维生素 C。

（3）维生素的应用 维生素添加剂主要用于对天然饲料中某种维生素的营养补充、提高动物抗病或抗应激能力、促进生长以及改善畜产品的产量和质量等。在各种维生素添加剂中，氯化胆碱、维生素 A、维生素 E 及烟酸所占的比例最大。在玉米和豆粕为主的饲粮中，通常需要额外添加维生素 A、维生素 D、维生素 E、维生素 K、维生素 B_2、烟酸、泛酸、氯化胆碱及维生素 B_{12}。

（二）非营养性添加剂

非营养添加剂主要包括生长促进剂、饲料保存剂和饲料品质改良剂。

1. 生长促进剂

目前，允许在饲料中应用的生长促进剂主要包括：药物饲料添加剂、酸化剂、酶制剂、益生素和中草药及植物提取添加剂。

（1）药物饲料添加剂·药物饲料添加剂主要包括抗生素和一些人工合成的抗菌、促长、驱虫保健剂。抗生素是一类由微生物（细菌、放射菌、真菌等）发酵产生的能抑制和杀灭其他微生物的代谢产物。抗生素的主要功能是抑制动物肠道中有害微生物的生长与繁殖，从而控制疾病发生和保护动物健康；防止动物肠道壁增厚，增进动物对营养物质的消化与吸收，促进动物的生长与生产。尽管抗生素作为饲料添加剂在配合饲料中的用量极少（大多以 mg/kg 计），但若长期使用会导致体内微生物产生耐药性，从而使畜禽免疫功能下降，抵抗力降低，容易诱发畜禽内源性或二重性感染；若不按规定使用，抗生素会在畜禽产品中残留，直接威胁人类健康。寻找无（低）药残、无（低）污染，能替代抗生素的促生长物质，已成为当今研究的重点之一。饲料药物添加剂分为促生长药物添加剂和驱虫保健剂，饲料药物添加剂休药期和使用指南见附录五。

（2）酸化剂　酸化剂分有机酸化剂和无机酸化剂。常用的有机酸化剂包括乳酸、富马酸、丙酸、柠檬酸、甲酸、山梨酸等。有机酸化剂可以弥补幼龄动物胃酸的不足，降低胃肠道 pH 值，促进无活性的胃蛋白酶原转化为有活性的胃蛋白酶；降低饲料通过胃的速度，提高蛋白质在胃中的消化程度，帮助营养物质吸收；杀灭或抑制肠道有害微生物的生长与繁殖，改善肠道微生物菌群，减少疾病的发生；改善饲料适口性，刺激动物唾液分泌，增进食欲，提高采食量；同时某些有机酸也是能量代谢的重要中间产物，可直接参与体内物质和能量代谢。有机酸化剂是目前作为动物促生长剂取代抗生素的重要选择之一。目前商品酸化剂有以下几种：一是纯延胡索酸或柠檬酸；二是以磷酸为基础的产品；三是以乳酸为基础的产品。多以复合产品为主，其一般由两种或两种以上的有机酸复合而成，主要是增强酸化效果，其添加量为 0.1% ~ 0.5%。

（3）酶制剂　酶是一类具有生物催化性的蛋白质。随着科学技术的发展，目前除采用微生物发酵技术或从动植物体内提取的方法批量生产酶制剂外，生物技术已用于酶制剂的生产。饲用酶制剂按其特性及作用主要分为两大类：一类是外源性消化酶，包括蛋白酶、脂肪酶和淀粉酶等，畜禽消化道能够合成与分泌这类酶，但因种种原因需要补充和强化。其应用的主要功能是补充幼年动物如仔猪体内消化酶分泌不足，以强化生化代谢反应，促进饲料中营养物质的消化与吸收。另一类是外源性降解酶，包括纤维素酶、半纤维素酶、β- 葡聚糖酶、木聚糖酶和植酸酶等。

动物组织细胞不能合成与分泌这些酶，但饲料中又有相应的底物存在。近年来，采用微生物发酵技术或转基因生物技术，已有这类酶制剂产品应用于畜牧生产。这类酶的主要功能是降解动物难以消化或完全不能消化的物质或抗营养物质，提高饲料营养物质的利用率，同时为开发新的饲料资源提供了有效途径。由于饲用酶制剂无毒害、无残留、可降解，使用酶制剂不但可提高畜禽生产性能，充分挖掘现有饲料资源，而且还可降低粪便中有机物、氮和磷等的排放量，缓解发展畜牧业与保护生态环境间的矛盾，应用前景广阔。

复合酶制剂是由两种或两种以上的酶复合而成的，其包括蛋白酶、脂肪酶、淀粉酶和纤维素酶等。其中蛋白酶有碱性蛋白酶、中性蛋白酶和酸性蛋白酶三种。许多试验表明，添加复合酶能提高饲粮代谢能 5% 以上，提高蛋白质消化率 10% 左右，可使饲料转化率得到改善。

植酸酶：在以植物性原料为主的饲料中，2/3 的磷以植酸磷的形式存在，由于猪、禽体内无相应的分解酶，植酸磷很难被利用，饲料中的磷大部分通过粪便排出。排出的磷污染水质，威胁人类生存环境安全。国家对磷排放相应的法规有《畜禽养殖污染防治管理办法》《畜禽养殖业污染物排放标准》和《畜禽养殖业环境管理技术规范》。同时植酸还影响矿物元素的消化吸收。

使用植酸酶可减少日粮中需要补充的无机磷数量，提高饲料的营养价值。添加植酸酶后使猪饲料中植酸磷利用率提高 30% ~ 60%，降低磷的排泄量达 40% ~ 60%。植酸酶的添加量因畜禽不同生长阶段对磷的需求与代谢特点、饲料种类的差异，以及植酸酶的活力而有所不同。

非淀粉多糖酶：在谷物类饲料中存在的非淀粉多糖可通过添加相应的酶制剂来分解。小麦、黑麦和小黑麦中含有较多的水溶性阿拉伯木聚糖，而高粱、玉米中的则多为不溶于水的阿拉伯木聚糖，大麦和燕麦中主要含有水溶性 $\beta-$ 葡聚糖。通过在饲料中添加外源性的 $\beta-$ 葡聚糖酶和木聚糖酶，可水解相应的非淀粉多糖，减轻它们对动物生产的负效应和动物排泄物对环境的污染。一些饼粕类饲料中的果胶含量较高，应用果胶酶则可明显降低其负面作用，提高饲料的利用率。

由于酶对底物选择的专一性，其应用效果与饲料组分、动物消化生理特点等有密切关系，故使用酶制剂应根据特定的饲料和特定的畜种及其年龄阶段而定，并在加工及使用过程中尽可能避免高温。

（4）益生素 益生素是一类有益的活菌制剂，主要有乳酸杆菌制剂、枯草杆菌制剂、双歧杆菌制剂、链球菌制剂和曲霉菌类制剂等。活菌制剂可维持动物肠道正常微生物区系平衡，抑制肠道有害微生物繁殖。正常的消化道微生物区系对动物具有营养、免疫、刺激生长等作用，消化道有益菌群对病原微生物具有生物拮抗作用，对保证动物健康有重要意义。除了对有害微生物生长拮抗和竞争性排斥作用外，活菌体还含有多种酶及维生素，对刺激猪生长、降低仔猪下痢等均有一定作用。

益生素添加剂的活菌多为厌氧菌，发酵生产难度较大，产品质量标准也难统一；生产和储运过程中的氧气、高温等条件均易使其失活；外源性活菌制剂所需的营养、环境条件与动物肠道的条件并不完全一致，在肠道的定植能力不强，胃酸也容易使其失活。为克服活菌益生菌不耐高温、对抗生素敏感、不耐酸性环境等缺点，目前，已有灭活益生素产品，此类产品多是由经热灭活的嗜酸乳酸菌的菌体细胞及其培养过程所分泌的代谢产物组成，属于益生素性质的产品，主要用来预防及治疗猪特别是乳仔猪常见的细菌性和病毒性腹泻，具有耐高温、效

91

果稳定等优点。

（5）寡糖　寡糖是由 2 ～ 10 个单糖单位通过糖苷键而连接的小聚合体，介于单体单糖与高度聚合的多糖之间。饲料学所研究的寡糖主要有寡木糖、α- 寡葡萄糖、β- 寡葡萄糖、寡果糖、寡乳糖和寡甘露糖等。由于这类物质在肠道内有类似抗生素的作用，也称其为化学益生素。寡甘露糖和寡果糖已作为饲料添加剂直接应用于畜牧生产。

寡聚糖主要促进动物肠道内健康微生物菌相的形成；可结合、吸收外源性病原菌和调节动物体内的免疫系统。饲料中添加少量寡糖，可改善动物机体的健康状态，增强机体潜在的抗病能力，进而提高动物生产性能。

2. 饲料保存剂

由于谷物籽实颗粒被粉碎后，丧失了种皮的保护作用，极易被氧化和受到霉菌污染。饲料生产中原料及成品都必须经历贮存的过程，在此过程中，既会发生饲料成分的化学变化，也会发生饲料被霉菌污染的变化，尤其是营养成分浓度高的饲料产品和原料，如预混料、鱼粉、米糠、饼粕等更易受到损害，在高热、高湿地区或季节，这种损失尤其严重。因此，饲料保存剂应运而生，饲料保存剂大约有 500 多种，最常见的是抗氧化剂与防霉剂。饲料保存剂的安全性有待进一步评价。

（1）抗氧化剂　抗氧化剂主要用于含有高脂肪的饲料，以防止脂肪氧化酸败变质，也常用于含维生素的预混料中，它可防止维生素的氧化失效。乙氧基喹啉是性能优良的饲料抗氧化剂之一，是最经济的抗氧化剂，适用于预混料、鱼粉及添加脂肪的产品，可防止其中的维生素 A、D、E 等及脂肪氧化变质和天然色素氧化变色，并有一定的防霉和保鲜作用；其他常用的抗氧化剂还有二丁基羟基甲苯和丁基羟基茴香醚。

（2）防霉剂　防霉剂的种类较多，包括丙酸盐及丙酸、山梨酸及山梨酸钾、甲酸、富马酸及富马酸二甲酯等，常用的是苯甲酸及其盐、山梨酸、丙酸与丙酸钙。由于苯甲酸存在着叠加性中毒，有些国家和地区已禁用。丙酸及其盐是公认的经济而有效的防霉剂。防霉剂发展的趋势是由单一型转向复合型，如复合型丙酸盐的防霉效果优于单一型丙酸钙。

3. 饲料品质改良剂

饲料品质改良剂主要有着色剂、风味剂、黏结剂等。

饲料着色剂包括天然着色剂和化学着色剂两种。黄玉米、金盏菊、万寿菊、苜蓿草粉等因富含叶黄素、玉米黄素、类胡萝卜素等天然色素，因来源丰富、着色自然、使用安全等特点，成为着色剂研究开发的主要方向。

饲料风味剂主要包括香料（调整饲料气味）与调味剂（调整饲料的口味）两大类，它不仅可改善饲料适口性，增加动物采食量，也可促进动物消化吸收，提高饲料利用率。养猪生产中常用的饲用香料有人工合成品，也有天然产物（如从植物的根、茎、花、果等中提取的浓缩物），目前广泛使用的是由酯类、醚类、酮类、脂肪酸类、脂肪族高级醇类、脂肪族高级醛类、脂肪族高级烃类、酚醚类、酚类、芳香族醇类及芳香族醛类等中的1种或2种以上化合物所构成的芳香物质。如香草醛(3–甲氧基–4–羟基苯丙醛)、丁香醛（丁香子醛）和茴香醛（对甲氧基苯甲醛）等。常用的调味剂有甜味剂（例如，甘草和甘草酸二钠等天然甜味剂，糖精、糖山梨醇和甘素等人工合成品）和酸味剂（主要有柠檬酸和乳酸）。

生产颗粒饲料时，加入少量黏结剂有助于颗粒成型，提高动物生产性能，延长压膜寿命。天然的黏结剂包括含淀粉较多的植物种子、块根、块茎加工物、植物分泌物、天然矿石等。

第三部分　营养基础知识

　　本部分简要介绍能量、蛋白质和氨基酸、碳水化合物、脂类、矿物元素、维生素和水的主要营养生理作用、来源、营养需要和饲养标准。如果畜禽营养物质摄入不足或过量，将影响饲料利用率，影响畜禽生长性能，影响环境安全。

一、能量

　　没有能量就没有生命活动，动物体的所有生命活动都需要能量，如呼吸、心跳、血液循环、肌肉活动、神经活动、维持体温和生产产品等。

（一）能量来源

　　动物所需的能量来自饲料，饲料能量主要存在于碳水化合物、脂肪和蛋白质。碳水化合物每克燃烧热能为 17.36 kJ，脂肪为 39.08 kJ，蛋白质为 23.29 kJ。这三大养分经消化吸收进入体内，然后经细胞氧化后释放出能量。能量一部分能被畜禽利用，一部分不能被畜禽利用。畜禽日粮中能量大部分来源于碳水化合物，脂肪不是主要的能量来源，蛋白质可提供能量，但不宜作为能源物质使用。

（二）能量单位

热量的法定计量单位为焦耳（1cal=4.18 J）。动物营养中常采用千焦耳 (kJ) 和兆焦耳 (MJ)，1 kJ=1 000 J，1MJ=1 000 kJ。

（三）能量的代谢

1. 总能

饲料中的总能并不能被畜禽全部消化吸收，只能反映饲料的能量。饲料中的能量在动物体内的分配见图 1。

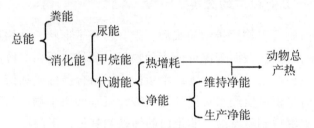

图 1　饲料能量在动物体内的分配

2. 消化能

消化能是饲料可消化物质中含有的能量，也就是饲料总能中减去不能消化的物质所含的能量部分，即：消化能＝总能－粪能。

3. 代谢能

代谢能是比消化能更科学的指标，它能较准确地反映饲料中能量可被畜禽有效利用的程度。代谢能＝消化能－尿能－胃肠道气体能。尿能是指尿中有机物所含的能量，主要来自蛋白质的代谢产物如尿素、肌酸等。胃肠道气体能主要是由消化道微生物发酵产生的甲烷等气体中含有的能量。甲烷是影响温室效应气体之一。

4. 净能

净能是饲料代谢能减去热增耗的能值。热增耗是指绝食动物在采食饲料后短时间内，体内代谢产热高于绝食代谢产热的那部分热能，不用于生产。因此，净能是动物用于维持和生产的那部分能量。净能的作用具体表现在维持动物日常活动、调节适应对环境条件的变化、提供动物体蛋白或脂肪沉积及保障动物繁殖生理活动等。

二、蛋白质和氨基酸

（一）蛋白质的分类

蛋白质可以按照蛋白质来源、组分、分子形状、结构和功能等进行分类。按照来源可分为动物蛋白和植物蛋白。按照组成成分蛋白质通常可以分为简单蛋白质、结合蛋白质和衍生蛋白质。简单蛋白质经水解得到氨基酸和氨基酸衍生物；结合蛋白质经水解得到氨基酸、非蛋白的辅基和其他；蛋白质经变性作用和改性修饰得到衍生蛋白质。

（二）蛋白质的营养作用

1.蛋白质是构建机体组织细胞的主要原料

动物的肌肉、神经、结缔组织、腺体、皮肤、毛发、角、喙、精液、血液等都以蛋白质为主要成分，起着传导、运输、支持、保护、连接、运动等多种功能。蛋白质是除水外含量最多的养分，占干物质的50%，占无脂固形物的80%。蛋白质也是乳、蛋、毛的主要组成成分。除反刍动物外，食物蛋白质几乎是唯一可用以形成动物体蛋白质的氮来源。

2.蛋白质是机体内功能物质的主要成分

蛋白质参与运输、代谢、调节、催化、传递等多种重要的生理功能，如血红蛋白和肌红蛋白运输氧，肌肉蛋白质收缩肌肉，酶、激素具有代谢调节作用，免疫球蛋白抵抗疾病以及核蛋白主要遗传信息的传递、表达。

3. 蛋白质是组织更新、修补的主要原料

在动物的新陈代谢过程中，组织和器官的蛋白质的更新、损伤组织的修补都需要蛋白质。动物体蛋白质每天有 0.25%~0.3% 更新，330~400 d 完成全部更新。

4. 蛋白质可供能和转化为糖、脂肪

体内蛋白质、多肽分解成氨基酸后，产生能量。在机体能量供应不足时，蛋白质也可分解供能，维持机体的代谢活动。当摄入蛋白质过多或氨基酸不平衡时，多余的部分也可能转化成糖、脂肪或分解产热。

（三）氨基酸营养

氨基酸，是含有氨基和羧基的一类有机化合物的通称，是生物功能大分子蛋白质的基本组成单位，是构成动物营养所需蛋白质的基本物质。

1. 氨基酸的营养生理作用

（1）合成蛋白质　畜禽在胃肠道中经过多种消化酶的作用，将高分子蛋白质分解为低分子的多肽或氨基酸后，在小肠内被吸收，沿着肝门静脉进入肝脏，一部分氨基酸在肝脏内合成蛋白质。

（2）分解供能　氨基酸分解代谢所产生的 $\alpha-$ 酮酸，可再合成新的氨基酸，或转变为脂肪和糖，或进入三羧酸循环氧化分解成二氧化碳和水，并放出能量。

（3）参与免疫调节过程　氨基酸是构成机体免疫系统的基本物质，精氨酸、蛋氨酸、苏氨酸等氨基酸及其代谢产物在调节机体相关免疫代谢过程中有着不可替代的作用。氨基酸营养缺乏通常会增加动物对疾病的易感性及疾病的发生率、死亡率升高。

（4）调节采食量　研究表明，饲料中的赖氨酸、亮氨酸、

色氨酸、组氨酸和谷氨酸等能调节畜禽采食量。

2. 氨基酸营养平衡

氨基酸平衡对畜禽提高氮的利用率，减少氮的排放意义重大。当饲料中氨基酸各组分间的相对含量与动物体氨基本需要量之间的相对比值一致或很接近时，氨基酸各组分间的相互关系平衡时，氨基酸利用率最高。饲料中各种氨基酸的数量和比例要符合动物生理需要，而不是越多越好。某种氨基酸过剩，即超过再合成蛋白质要求界限时，其多余的氨基酸，将通过脱氨基作用被当作能源利用，或作为体脂的原料而被蓄积起来。

（四）非蛋白氮的利用

非蛋白氮是指饲料中蛋白质以外的含氮化合物的总称，又称非蛋白态氮。包括游离氨基酸、酰胺类、蛋白质降解的含氮化合物、氨以及铵盐等简单含氮化合物。根据反刍家畜瘤胃氮素循环的生理特点，其营养作用只是作为瘤胃微生物合成蛋白质所需氮源，从而起到补充蛋白质营养作用，节省蛋白质饲料。

1. 植物体中的非蛋白含氮化合物

迅速生长的牧草、嫩干草的非蛋白氮含量约占总氮的1/3。青贮饲料50%的氮是非蛋白氮。块根、块茎含非蛋白氮可高达50%。干草、籽实及加工副产物含非蛋白氮都较少。

2. 非蛋白氮添加剂

目前允许用于反刍动物的非蛋白氮添加剂有尿素、碳酸氢铵、硫酸铵、液氨、磷酸二氢铵、磷酸氢二铵、异丁叉二脲、磷酸脲、氯化铵、氨水。

3. 非蛋白氮的利用

反刍动物瘤胃微生物能很好地利用非蛋白氮，而非蛋白氮对猪、禽等非反刍动物基本上没有利用价值。反刍动物饲粮中使用非蛋白氮应注意以下几点：①瘤胃微生物对非蛋白氮的利用有一个逐渐适应的过程，一般需 2 ~ 4 周适应期。②只有提供足量的能量和碳架，才能使瘤胃微生物有效地利用尿素合成自身蛋白质。在碳水化合物中，纤维素分解速度过慢，糖类又过快，而以淀粉的效果最好。非蛋白氮常常与糖蜜一起混合使用。糖蜜既可改善适口性，又可提高其利用率。③一般当日粮粗蛋白质水平超过 13% 后，不应添加非蛋白氮。④微生物合成含硫氨酸（蛋氨酸、半胱氨酸）需要硫。日粮中硫缺乏会影响微生物对尿素的利用和微生物蛋白质产量。日粮中合适的氮：硫比为 10 ~ 14：1。其他营养素（如钴、磷等）的不足也会影响非蛋白氮的利用。⑤调节非蛋白氮在瘤胃中释放氮的速度或控制反刍动物摄取非蛋白氮的速度与数量。在实际生产中，可采用脲酶制剂、缓释技术、减少每次的饲喂量而增加饲喂频率等技术调节氮的释放速度与碳水化合物等养分提供碳架的速度相当，从而提高非蛋白氮的利用率。

三、碳水化合物

碳水化合物是由碳、氢和氧三种元素组成，由于它所含的氢氧的比例为 2：1，和水一样，故称为碳水化合物。它是一类重要的营养素，在动物饲粮中占一半以上，因来源丰富、成本低而成为动物生产中的主要能源。这类营养素在常规营养分析中包括无氮浸出物和粗纤维。

（一）碳水化合物分类

碳水化合物是自然界最丰富的有机物，分单糖、二糖、寡糖和多糖四类。

1. 单糖

自然界中存在 20 多种单糖，而通常存在于动物饲料原料中的单糖不超过 10 种。按照单糖中碳原子的数量对单糖进行分类，含有 5 个碳原子的单糖被称为戊糖，含 6 个碳原子的称己糖，阿拉伯糖、核糖和木糖属于戊糖，葡萄糖、果糖和半乳糖为己糖。目前已知植物性饲料原料中含量最多的单糖是葡萄糖。植物性饲料原料中游离的单糖有限，主要是二糖、寡糖或多糖。

2. 二糖

二糖主要有蔗糖、麦芽糖、乳糖以及纤维二糖、龙胆二糖和海藻糖。蔗糖存在于许多植物饲料原料中，乳糖只存在于乳制品中，麦芽糖是淀粉消化的中间产物，少量麦芽糖存在一些饲料原料中。

3. 寡糖

寡糖能抵抗胰脏和小肠分泌的消化液的消化，能溶于 80% 乙醇的碳水化合物，包括半乳寡糖、果寡糖和甘露聚糖等，可在动物小肠或大肠中通过微生物发酵产生短链脂肪酸被吸收。半乳寡糖存在于豆科植物的种子中，包括棉籽糖、水苏糖和毛蕊花糖。果寡糖分为菊糖和左聚糖，菊糖存在于小麦、菊苣、洋姜中；左聚糖是分泌果聚糖蔗糖酶的一些细菌和真菌合成的果寡糖。果寡糖可作为膳食纤维，还可以促进双歧杆菌和乳杆菌的生长，同时抑制有害菌如梭状芽孢杆菌的生长，从而改善动物肠道健康。甘露聚糖是甘露糖的聚合物，其不能被机体胃肠道分泌的消化酶消化，当饲喂动物后，作为益生元和免疫调节剂发挥作用，提高动物胃肠道对病原微生物的抵抗力。

4. 多糖

多糖可分为淀粉和糖原与非淀粉多糖两类。这两类化合物大量存在于饲料中。淀粉是大部分日粮中最重要的碳水化合物。淀粉全部由葡萄糖单元组成，是直链淀粉和支链淀粉聚合物，它以颗粒的形式天然存在于谷物中，大部分谷物淀粉由 25% 的直链淀粉和 75% 的支链淀粉构成。不能在小肠内消化的淀粉称为抗性淀粉。动物体内的葡萄糖以糖原的形式贮存在肌肉和肝脏中。

非淀粉多糖，是指淀粉以外的多糖。通常非淀粉多糖一般分为三大类，即纤维素、非纤维多糖（半纤维素性聚合体）和果胶聚糖。其中非纤维多糖包括木聚糖、β-葡聚糖、甘露聚糖、半乳聚糖等。按照水溶性的不同，非淀粉多糖又可分为可溶性非淀粉多糖和不可溶性非淀粉多糖，在谷物细胞壁中，一些非淀粉多糖以氢键松散地与纤维素、木质素、蛋白质结合，故溶于水，称为可溶性非淀粉多糖。可溶性非淀粉多糖溶于水产生黏性物质，它们会抑制动物的正常消化功能，妨碍动物吸收营养。

（二）碳水化合物的营养生理作用

1.碳水化合物的供能和贮能作用

碳水化合物，特别是葡萄糖是供给动物代谢活动快速应变需能的最有效的营养素。葡萄糖是大脑神经系统、肌肉、脂肪组织、胎儿生长发育、乳腺等代谢的主要能源。葡萄糖供给不足，小猪出现低血糖症，牛产生酮病，妊娠母羊产生妊娠毒血症，严重时会致死亡。体内代谢活动需要的葡萄糖来源：一是从胃肠道吸收；二是由体内生糖物质转化。非反刍动物主要靠前者，也是最经济最有效的能量来源。反刍动物主要靠后者。其中肝是主要生糖器官，约占总生糖量的85%，其次是肾，约占15%。在所有可生糖物质中，最有效的是丙酸和生糖氨基酸，其次是乙酸、丁酸和其他生糖物质。核糖、柠檬酸等生糖化合物转变成葡萄糖的量较小。

碳水化合物除了直接氧化供能外，也可以转变成糖原和脂肪贮存。

2.碳水化合物在动物产品形成中的作用

碳水化合物是形成肉、蛋、奶的重要物质，高产奶牛平均每天大约需要 1.2kg 葡萄糖用于乳腺合成乳糖。产双羔的绵羊每天约需 200g 葡萄糖合成乳糖。反刍动物产奶期体内 50% ~85% 的葡萄糖用于合成乳糖。葡萄糖也参与部分羊奶蛋白质非必需氨基酸的形成。碳水化合物进入非反刍动物乳腺主要用以合成奶中必要的脂肪酸，母猪乳腺可利用葡萄糖合成肉豆蔻酸和一些其他脂肪酸，也可利用葡萄糖作为合成部分非必需氨基酸的原料。

碳水化合物作为反刍动物瘤胃利用非蛋白氮合成菌体蛋白和动物体内合成必需氨基酸提供 C 架。

3. 碳水化合物的其他作用

（1）某些寡糖的生理作用　含有甘露寡糖、果寡糖等寡糖的饲料进入动物体内后，胃肠道中的致病菌就会与之结合，从而不能在肠壁表面定植，它们就会随食糜一道排出体外，从而保护了动物免遭这些致病菌的侵害。

某些寡糖不能被动物分泌的酶消化，具有调整胃肠道微生物区系平衡的效应。在胃肠道内，寡糖可以选择性地作为某些细菌生长的底物。果寡糖能够作为乳酸杆菌和双歧杆菌生长的底物，但沙门氏菌、大肠埃希氏菌和其他革兰阴性菌发酵低聚果糖的效率很低，因而它们的生长将会受到抑制。甘露聚糖可以防止沙门氏菌、大肠杆菌和霍乱弧菌在动物肠道黏膜上皮上的黏附。

（2）动物体内糖苷的生理作用　动物体内代谢产生的许多糖苷具有解毒作用。哺乳类、鱼类及一些两栖类动物的许多毒素、药物或废物，包括固醇类激素的降解产物可能是通过与 D- 葡萄糖醛酸形成葡萄糖苷酸而排出体外的。

（3）结构性碳水化合物的营养生理作用　结构性碳水化合物在体内有多种营养生理功能。黏多糖是保证多种生理功能实现的重要物质；透明质酸具有高度黏性，在润滑关节、保护机体受到强烈振动时，不致影响正常功能方面起着重要作用；硫酸软骨素在软骨中起结构支持作用；几丁质（又名甲壳素、壳多糖）是许多低等动物尤其是节肢动物外壳的重要组成部分；虾、蟹是在不断蜕壳和再生壳的过程中生长，而甲壳素的分解产物2-氨基葡萄糖对于虾、蟹壳的形成具有重要作用。

（4）糖蛋白质、糖脂的生理作用　糖蛋白质种类繁多，在体内物质运输、血液凝固、生物催化、润滑保护、结构支持、黏着细胞、降低冰点、卵子受精、免疫和激素发挥活性等方面发挥极其重要的作用。糖脂是神经细胞的组成成分，对传导突轴刺激冲动起着重要作用。

（二）纤维的利用

各种动物对纤维的利用在很大程度上是利用微生物酶的分解产物或微生物的代谢产物。植物细胞壁越成熟，木质化程度越高，越不易被微生物消化，这是动物利用纤维的主要限制因素。

1. 纤维对反刍动物的营养生理作用

纤维是反刍动物的一种必需营养素，对反刍动物具有重要作用。

（1）维持瘤胃的正常功能和动物的健康　日粮纤维能保证瘤胃的正常功能。适宜的日粮纤维水平对于防止由于大量进食精料所引起的采食量下降，纤维消化降低有十分重要的作用，此外，纤维能防止酸中毒、瘤胃黏膜溃疡和蹄病，纤维绝对不可缺乏。日粮纤维低于或高于适宜范围，不利于能量利用。此外，日粮纤维可通过刺激咀嚼和反刍，促进动物唾液分泌增加，从而间接提高了瘤胃缓冲能力。

（2）维持动物正常的生产性能　饲粮中纤维水平过低，瘤胃液挥发性脂肪酸中乙酸减少，导致乳脂肪合成减少，所以将日粮纤维控制在适宜的水平上，可维持动物较高的乳脂肪率和产乳量。

（3）为动物提供大量能源 日粮纤维发酵对反刍动物能量代谢的重要意义，日粮纤维在瘤胃中发酵产生挥发性脂肪酸，能为反刍动物提供 70%~80% 的能量需要。

2. 纤维对非反刍动物的营养生理作用

（1）维持肠胃正常蠕动 肠胃正常蠕动是影响养分吸收的重要因素。麦麸对结肠的前进式蠕动有促进作用。日粮纤维中未发酵的部分通过机械作用影响肠道蠕动和食糜滞留时间，而可发酵部分则可能是通过其发酵产品来影响肠道蠕动和食糜流通速度。繁殖动物常用中性洗涤纤维调节胃肠道食糜排空速度，保证胃肠道畅通。

（2）提供能量 纤维经大肠微生物发酵，产生的挥发性脂肪酸，可满足维持能量需要的 10%~30%，其中杂食动物相对低一点，非反刍草食动物相对高一点。研究表明，母猪妊娠期间，日粮中配入适量的易于发酵的高纤维饲料，如甜菜渣、大豆壳、麦麸、三叶草、燕麦壳等，除可为母猪供能外，还可提高初乳中脂肪含量，有利于初生仔猪的生长和成活。

（3）日粮纤维的代谢效应 日粮纤维可刺激胃液、胆汁、胰液分泌。果胶物质及可溶性纤维，如 β-葡聚糖，可通过刺激胆固醇随粪便的排出，降低胆固醇的肠肝再循环，有效地降低血清胆固醇水平，从而降低心血管疾病的发病率。还有研究表明，不可溶的纤维可降低人的结（直）肠癌的发病率，而可溶性纤维则无此效应。

（4）解毒作用 日粮纤维可吸附饲料和消化道中产生的某些有害物质，使其排出体外。适量的日粮纤维在后肠发酵，可降低后肠内容物的 pH 值，抑制大肠杆菌等病原菌的生长，防止仔猪腹泻的发生。

（5）改善胴体品质 猪在肥育后期增加日粮纤维，可减少脂肪沉积，提高胴体瘦肉率。

（6）刺激胃肠道发育 研究表明，饲喂高水平苜蓿粉日粮的青年猪，其胃、肝、心、小肠、盲肠、结肠的重量均显著提高。现代动物生产常用纤维冲淡日粮营养浓度的方法来保证种畜、种禽胃肠道充分发育，满足以后高产性能的采食量需要。

3.纤维的负面作用

合理的纤维含量和组分对畜禽具有重要的作用，同时纤维的负面作用不容忽视，主要表现在：①日粮纤维水平增高，加快食糜在消化道中的流通速度，降低动物对淀粉、蛋白质、脂肪和矿物质的回肠表观消化率；②纤维不仅本身消化率低，而且影响其他营养物质的吸收，降低饲粮可利用能值；③日粮纤维水平增高，增加动物消化道内源蛋白质、脂肪和矿物质的损失等。

（三）碳水化合物的来源

碳水化合物主要来源于谷物类、块茎、块根类饲料，它们都含有丰富的淀粉。其中谷物类类(如玉米、小麦、次粉、高粱等)含量为70%～80%，块根类饲料甘薯含碳水化合物80%左右。其次来源于蛋白类饲料，如豌豆含20%左右的碳水化合物。

四、脂类

脂类是一类存在于动植物组织中，不溶于水但溶于乙醚、苯、氯仿等有机溶剂的物质。脂类能量价值高，是动物营养中重要的一类营养素，其种类繁多，化学组成各异。

（一）脂类的营养生理作用

1.脂类的供能贮能作用

（1）脂类是动物体内重要的能源物质 脂类是含能最高的营养素，生理条件下脂类含能是碳水化合物的2.25倍。来自饲料的脂肪和体内代谢产生的游离脂肪酸、甘油酯，都是动物维持生命和生产的重要能量。动物生产中常用补充脂肪的高能饲料以提高生产效率。

（2）脂类的额外能量效应 在禽日粮中添加油脂具有额外的能量效应。在禽日粮中添加一定水平的油脂替代等能值的碳水化合物和蛋白质，能提高日粮的代谢能，使消化过程中能量消耗减少，热增耗降低，结果使日粮的净能增加，当植物油和动物脂肪同时添加时效果更加明显。这种作用在其他非反刍动物同样存在。

（3）脂肪是动物体内主要的能量贮备形式 动物摄入的能量超过需要量时，多余的能量则主要以脂肪的形式贮存在体内。某些动物体中沉积脂肪具有特别的营养生理意义。

2.脂类在体内物质合成中的作用

除简单脂类参与体组织的构成外，大多数脂类，特别是磷脂和糖脂是细胞膜的重要组成成分。糖脂可能在细胞膜传递信息的活动中起着载体和受体作用。脂类也参与细胞内某些代谢调节物质的合成。

3.脂类在动物营养生理中的其他作用

（1）作为脂溶性营养素的溶剂 脂类作为溶剂对脂溶性营养素或脂溶性物质的消化吸收极为重要。鸡日粮含 0.07%的脂类时，胡萝卜素吸收率仅 20%，饲粮脂类增到 4%时，吸收率提高到 60%。

（2）脂类的防护作用 高等哺乳动物皮肤中的脂类具有抵抗微生物侵袭，保护机体的作用。禽类尤其是水禽，尾脂腺中的脂对羽毛的抗湿作用特别重要。沉积于动物皮下的脂肪具有良好绝热作用，在冷环境中可防止体热散失过快，对生活在水中的哺乳动物显得更重要。

（3）脂类是代谢水的重要来源 每克脂肪氧化比碳水化

合物氧化多生产水 67% ~83%，比蛋白质产生的水多 1.5 倍左右。

（4）磷脂肪的乳化特性　磷脂肪分子中既含有亲水的磷酸基团，又含有疏水的脂肪酸链，因而具有乳化剂特性。可促进消化道内形成适宜的油水乳化环境，并对血液中脂质的运输以及营养物质的跨膜转运等方面发挥重要作用。

（5）胆固醇的生理作用　胆固醇是甲壳类动物必需的营养素。蜕皮激素的合成需要胆固醇，而甲壳类动物包括虾，体内不能合成胆固醇，需要由饲料供给。胆固醇有助于虾体转化合成维生素 D、性激素、胆酸、蜕皮素和维持细胞膜结构完整性，促进对虾的正常蜕皮、消化、生长和繁殖。

另外，脂类还是动物必需脂肪酸的来源。

（二）必需脂肪酸及其生物学作用

凡是体内不能合成，必须由日粮供给，或能通过体内特定先体物形成，对机体正常机能和健康具有重要保护作用的脂肪酸称为必需脂肪酸。必需脂肪酸主要包括两种，一种是 ω-3 系列的 α- 亚麻酸（18：3），一种是 ω-6 系列的亚油酸（18：2）。

1. 必需脂肪酸的生物学功能

（1）必需脂肪酸是细胞膜、线粒体膜和质膜等生物膜脂质的主要成分，在绝大多数膜的特性中起关键作用，也参与磷脂的合成。磷脂中脂肪酸的浓度，链长和不饱和程度在很大程度上决定细胞膜流动性、柔软性等物理特性，这些物理特性又影响生物膜发挥其结构功能的作用。

（2）必需脂肪酸是合成类二十烷的前体物质　类二十烷包括前列腺素、凝血恶烷、环前列腺素和白三烯等，它们都是必需脂肪酸的衍生物。二十碳五烯酸不仅自身可衍生为类二十烷物质，而且对由花生四烯酸衍生类二十烷物质具有调节作用，鱼油中富含二十碳五烯酸。

（3）必需脂肪酸能维持皮肤和其他组织对水分的不通透性 正常情况下，皮肤对水分和其他许多物质是不通透的，这一特性是由于 ω-6 必需脂肪酸的存在。必需脂肪酸不足时，水分可迅速通过皮肤，使饮水量增大，生成的尿少而浓。许多膜的通透性与必需脂肪酸有关，如血-脑屏障、胃肠道屏障。

（4）降低血液胆固醇水平 α- 亚油酸衍生的前列腺素 E_1 能抑制胆固醇的生物合成。血浆脂蛋白质中 ω-3 和 ω-6 多不饱和脂肪酸的存在，使脂蛋白质转运胆固醇的能力降低，从而使血液中胆固醇水平降低。研究表明，每日摄入脂肪校正乳（通过饲喂保护性不饱和脂肪酸生产的富含 ω-3 和 ω-6 脂肪酸的牛乳）的成年人与每日摄入常规牛乳相比，血液总胆固醇水平及低密度脂蛋白质（胆固醇随血液转运的主要载体）中胆固醇含量均显著下降。

2. 动物必需脂肪酸的来源和供给

非反刍动物和幼龄反刍动物能从饲料中获得所需要的必需脂肪酸。常用饲料中主要必需脂肪酸亚油酸比较丰富。日粮中亚油酸含量达 0.9% 能满足禽的需要。一般以玉米、燕麦为主要能源或以谷类籽实及其副产品为主的日粮都能满足亚油酸需要。幼龄、生长快和妊娠动物需要量大一些，如供给不足，则表现出缺乏症。

瘤胃微生物合成的脂肪能满足宿主动物脂肪需要的 20% 左右，其中细菌合成占 4%，原生动物合成占 16%，后者合成的脂肪中亚油酸含量可高达 20%，加上饲料脂肪在瘤胃中未被氢化部分，以及反刍动物能有效地利用必需脂肪酸，在正常饲养条件下，反刍动物不会发生必需脂肪酸缺乏。

五、矿物元素

矿物元素是动物营养中的一大类无机营养素。现已确认动物体组织中含有约 45 种矿物元素。但是并非动物体内的所有矿物元素都在体内起营养代谢作用。矿物元素按动物体内含量或需要不同分成常量矿物元素和微量矿物元素两大类。常量矿物元素一般指在动物体内含量高于 0.01% 的元素，主要包括钙、磷、钠、钾、氯、镁、硫等 7 种。微量矿物元素一般指在动物体内含量低于 0.01% 的元素，目前查明必需的微量元素有铁、锌、铜、锰、碘、硒、钴、钼、氟、铬、硼等 12 种。铝、钒、镍、锡、砷、铅、锂、溴等 8 种元素在动物体内的含量非常低，在实际生产中基本上几乎不出现缺乏症，实验证明可能是动物必需的微量元素。

（一）常量矿物元素

1. 钙和磷

（1）生理功能　钙、磷是体内含量最多的矿物元素，平均占体重的 1% ~ 2%，其中 98% ~ 99% 的钙、80% 的磷存在于骨和牙齿中，是机体骨骼的主要组成部分，实现支持体重并与肌肉一起完成运动的功能。体液中分布的钙、磷虽然量小，但在维持机体正常生理机能中起着重要作用。钙、磷共同参与凝血过程。钙作为调节细胞功能的信使，起着重要的代谢调节作用，钙离子还是许多细胞外酶和蛋白酶的辅助因子，钙离子还有参与肌肉收缩，降低神经肌肉兴奋性。骨骼以外的磷是构成磷脂、磷蛋白、核酸等生命重要物质的必需元素，以高能磷酸化合物(ATP，ADP)参与能量的代谢和储存，以磷酸盐的形式参与许多酶促反应。

（2）来源　谷物和大多数其他植物饲料原料中的钙含量都极低，畜禽饲料中常用的钙源矿物质饲料包括钙的磷酸盐和碳酸钙，还有石灰石粉 ($CaCO_3$)、石膏粉 ($CaSO_4 \cdot 2H_2O$)。动物副产品包括鱼粉、肉骨粉，含钙丰富，也是很好的钙源。

谷物籽实及其副产品和油料饼中，65% ~ 75% 的磷是以植酸盐的形式存在，其生物学效价只有 25% ~ 40%。猪对植酸磷的利用能力很差。比如，玉米含磷 0.25% 左右，但其中仅 10% ~ 15% 可被猪利用；豆粕含磷 0.65%，其中约 25% 可被利用。一种典型的生长猪日粮，其中玉米和豆粕的含量比为 80：20，其总磷含量为 0.33%，但有效磷含量仅为 0.06%。常用无机磷源如磷酸氢钙、磷酸二氢钙、磷酸钙等补充磷，其中最常用的是磷酸氢钙。

2. 钠、钾、氯

（1）生理功能　钠与钾、氯与重碳酸盐离子一起，对调节体液的渗透压、细胞容积起着重要作用。钾作为细胞内的主要阳性离子，与钠、氯等离子参与缓冲体系的形成，对维持体内的酸碱平衡起着重要作用。

（2）来源　各种饲料中普遍缺乏钠，其次是氯，钾不易缺乏。钠、氯的来源主要是氯化钠、碳酸氢钠、乙酸钠等。

3. 镁

（1）生理功能　猪体内约 70% 的镁是以磷酸盐与碳酸盐的形式参与骨骼和牙齿的构成，另外约 25% 的镁，存在于软组织中。镁对维持多种酶系统的活性、肉和神经的兴奋性有重要作用。

（2）来源　饲料中含镁丰富，一般都在 0.1% 以上，因此不必另外添加。补充镁多用氧化镁，此外还可选用硫酸镁、碳酸镁和磷酸镁等。

4. 硫

（1）生理功能　硫主要以含硫氨基酸（蛋氨酸、胱氨酸和半胱氨酸）、维生素（硫氨素和生物素）和激素（如胰岛素）的形式存在，并通过它们发挥生理功能。

（2）来源　动物所需的硫一般认为是有机硫，如蛋白质中的含硫氨基酸等，因此，蛋白质饲料是动物的主要硫源。硫的来源有蛋氨酸、胱氨酸、硫酸钠、硫酸钾、硫酸钙、硫酸镁等。

（二）微量矿物元素

1. 铁

（1）生理功能　铁作为血红蛋白、肌红蛋白质及一些酶（细胞色素酶、过氧化物酶和过氧化氢酶）的必需组成成分，起着非常重要的作用。

（2）来源　糠麸、动物性饲料（奶除外）均含铁，如谷物含铁 30 ~ 50mg/kg，饼粕类 110 ~ 150mg/kg，鱼粉 100 ~ 500mg/kg，但利用率差。补充铁的添加剂有硫酸亚铁、氯化铁、柠檬酸铁、葡聚糖铁、甘氨酸螯合铁等。

2. 锌

（1）生理功能　锌参与动物体内蛋白质、氨基酸、核酸、脂肪、碳水化合物和维生素以及微量元素等营养物质的代谢，为骨骼发育、生殖、免疫、凝血、生物膜稳定等生理机能所必需。

（2）来源　动物性饲料含锌丰富，其他饲料的含量一般均超过实际需要量。常用在猪饲料中的锌添加物是氧化锌（含锌72%）和七水硫酸锌（含锌约 22%）。此外，碳酸锌、蛋氨酸锌、色氨酸锌、赖氨酸锌、葡萄糖酸锌、乳酸锌等也在饲料中有添加。

3. 铜

（1）生理功能　铜的主要营养生理功能可归纳为：参与造血过程和骨髓蛋白的合成；促进骨与胶原的形成；增强机体的免疫能力；参与色素沉着和毛与羽毛的角化作用；参与形成具有酶功能的含铜蛋白质。

（2）来源　谷实糠麸和饼粕饲料含铜较高，玉米含铜低，现在大部分猪日粮中添加的铜源为硫酸铜、氯化铜、碳酸铜以及赖氨酸铜、蛋氨酸铜、铜氨基酸螯合物、铜蛋白盐、碱式氯化铜等。

4. 锰

（1）生理功能 锰是碳水化合物、脂类和蛋白质代谢的一些酶的组成部分，是合成硫酸软骨素的必需物质，是线粒体超氧化物歧化酶的组成成分。

（2）来源 糠麸含锰丰富，动物饲料含锰少，饲料中添加锰的来源主要有两种：氧化锰和硫酸锰。

5. 硒

（1）生理功能 硒最重要的营养生理作用是作为谷胱甘肽过氧化物酶的重要成分，参与机体抗氧化作用。

（2）来源 饲料含硒量取决于土壤 pH 值，碱性土壤生长的饲料含硒高，酸性土壤地区饲养的家畜易患缺乏症。硒以无机硒和有机硒两种形式存在。常见的无机硒有亚硒酸钠和硒酸钠；常见的有机硒有硒代蛋氨酸、硒代半胱氨酸、硒酵母等。

6. 碘

（1）生理功能 碘的主要作用是参与机体甲状腺素的合成。

（2）来源 沿海地区植物中含碘量高于内陆地区，各种饲料均含碘，一般不易缺乏，但妊娠和泌乳动物可能不足。饲料中一般用碘酸钾和碘酸钙补充碘。

7. 钴

（1）生理功能 钴的主要功能是作为维生素 B_{12} 的成分。另外，钴可能是某些酶的激活剂。

（2）来源 饲料中一般使用氯化钴、硫酸钴和碳酸钴补充钴元素。

六、维生素

维生素是维持畜禽正常生理机能和生命活动所必需的微量

低分子有机化合物。它不是形成动物机体各种组织器官的原料，也不是能源物质，它们主要以辅酶和催化剂的形式广泛参与体内代谢的各种化学反应，从而保证机体组织器官的细胞结构和功能的正常。动物对维生素的日需要量很小，常以毫克(mg)或微克(μg)计算，但极为重要，缺乏时会出现维生素缺乏症，影响畜禽生长、发育和繁殖。

维生素通常按其溶解特性分为脂溶性维生素和水溶性维生素两大类。在有机溶剂中可溶解的维生素称为脂溶性维生素，包括维生素A、维生素D、维生素E、维生素K。凡可溶于水中的维生素均属于水溶性维生素，包括B族维生素和维生素C。

（一）脂溶性维生素

1. 维生素A

（1）生理功能 维生素A俗称抗干眼病维生素。只存在于动物体内。它有多种衍生物，但以反式视黄醇的效价最高。植物性饲料中只含有胡萝卜素，它是维生素A的前体物，以β-胡萝卜素的活性最强。维生素A与眼睛视网膜中的视紫质的再生有关，有保护视力、视神经的正常生理功能，促进骨骼生长，增强抵抗力和免疫力及维持上皮组织的完整和消化道、呼吸道黏膜健康等作用。

（2）来源 青绿饲料含β-胡萝卜素较丰富（20～80mg/kg），其次是黄玉米（8～12mg/kg）。胡萝卜素在猪小肠壁细胞和肝脏中经胡萝卜素酶作用转化为维生素A。人工合成的维生素A化合物主要有维生素A醇、维生素A醋酸酯和维生素棕榈酸酯。维生素A醇的稳定性较差，作为饲料添加剂使用的主要为后两种。

2. 维生素D

（1）生理功能 维生素D又名抗软骨病维生素或抗佝偻病维

生素。维生素 D 与钙、磷的吸收利用有密切关系，只有在维生素 D 的参与下，钙和磷才能在构成骨骼和牙齿等组织的过程中发生作用。

（2）来源　维生素 D 有维生素 D_2(麦角钙化醇) 和维生素 D_3(胆钙化醇) 两种活性形式。麦角钙化醇的先体是来自植物的麦角固醇；胆钙化醇的先体来自动物的 7- 脱氢胆固醇。先体经紫外线照射而转变成维生素 D_2 和维生素 D_3。另外，猪的皮肤中有少量的 7- 脱氢胆固醇，含量高于其他畜禽，经日光中的紫外线照射后能转变成维生素 D_3。光照（晒太阳）是维生素 D 最廉价、最丰富的来源。

3. 维生素 E

（1）生理功能　维生素 E 又名抗不育维生素、生育酚。有 α、β、γ 和 δ 四种活性形式的生育酚，以 $\alpha-$ 生育酚的活性最高。维生素 E 的主要功能是抗氧化作用，并参与细胞膜和 DNA 的合成、生物氧化、磷酸化及解毒等过程。维生素 E 与硒关系密切，可替代硒的部分功能而节约硒。

（2）来源　植物性饲料含有较丰富的维生素 E，其中青绿饲料和种子的胚芽含量较丰富。通常情况下，谷物饲料含 10 ~ 30mg/kg，米糠含 30 ~ 90mg/kg，青绿饲料按干物质计 10 倍于谷物，豆油、花生油等含量也很丰富。两类最常见的用于饲料添加的维生素 E 来源，是天然来源的维生素 E 和合成来源的维生素 E 及其相应的醋酸酯。

4. 维生素 K

（1）生理功能　维生素 K 又名抗出血维生素。主要是参与凝血活动。

（2）来源　维生素 K 有维生素 K_1、维生素 K_2、维生素 K_3 和维生素 K_4 等。天然存在的有维生素 K_1(叶绿醌) 和维生素 K_2(甲基萘醌) 两种活性物质，前者由植物合成，后者由微生物合成。

作为饲料添加剂的维生素 K_3 制剂有亚硫酸氢钠甲萘酮、亚硫酸氢钠甲萘醌复合物和亚硫酸二甲基嘧啶甲萘醌。

（二）水溶性维生素

水溶性维生素中包括硫胺素（维生素 B_1）、核黄素（维生素 B_2）、烟酸（维生素 PP）、胆碱（维生素 B_4）、泛酸、维生素 B_6、生物素、叶酸、维生素 B_{12} 和维生素 C 等 10 种生化性质不同的维生素，在生产实践中，较为重要的有硫胺素、核黄素、泛酸、烟酸和维生素 B_{12} 等几种。其中核黄素、烟酸、维生素 B_{12} 较易缺乏，猪的日粮中应注意补充。猪缺乏水溶性维生素时，共同的表现是生长缓慢、发育停滞。

1. 维生素 B

（1）生理功能　维生素 B_1 即硫胺素，又名抗神经炎维生素、抗脚气病维生素。维生素 B_1 在体内参与糖代谢、脂肪酸及神经介质等物质合成。

（2）来源　在米糠、麸皮、豆类、青绿饲料中含量丰富。用作饲料添加剂的主要是由化学合成法制得的硫胺素盐酸盐（盐酸硫胺素）和硝酸盐（单硝酸硫胺素）。

2. 维生素 B

（1）生理功能　维生素 B_2 又名促生长维生素，化学名为核黄素。维生素 B_2 是黄酶的辅酶，与糖、脂肪和蛋白质的代谢密切相关。

（2）来源　绿色植物、鱼粉、动物的肝脏和饼粕类核黄素的含量较丰富，谷物及其副产物中核黄素含量少。因此，玉米－豆饼型饲粮易产生核黄素缺乏症。商品维生素 B_2 为核黄素及其酯类，用作饲料添加剂的主要是由微生物发酵或化学合成的核黄素。此外，核黄素醋酸酯、核黄素丁酸酯、核黄素磷酸钠也可作为核黄素的来源。

3. 烟酸

（1）生理功能 烟酸又名维生素PP、抗糙皮病因子。烟酸以辅酶I和辅酶II的形式参与体内生物氧化。

（2）来源 多汁青饲料、牧草、麦麸、油饼类、酵母和鱼粉中烟酸含量丰富。用作补充烟酸的添加剂有烟酸和烟酰胺两种形式的产品。

4. 胆碱

（1）生理功能 胆碱即 $\beta-$ 羟乙基三甲基胺羟化物。胆碱是磷脂、乙酰胆碱的组成成分，也是甲基的供体，参与氨基酸和脂肪的代谢，能防止脂肪肝的产生。

（2）来源 自然界存在的脂肪都含有胆碱。因此，凡是含脂肪的饲料都可提供胆碱。饲料中使用的添加物为氯化胆碱。

5. 泛酸

（1）生理功能 泛酸又名抗皮炎因子和偏多酸。泛酸作为辅酶 A 及酰基载体蛋白的组成参与机体多种代谢。

（2）来源 泛酸主要来源于天然饲料和饲料添加剂，也可以通过消化道微生物合成。不同饲料原料中泛酸的含量存在差异较大，其中啤酒酵母、米糠饼、小麦麸和乳清粉的泛酸含量较高，而小麦、棉籽粕、菜籽粕、鱼粉、玉米和玉米蛋白粉的泛酸含量较低。饲用泛酸添加剂通过化学方法制备获取，主要有 $D-$ 泛酸钙和 $DL-$ 泛酸钙两种。

6. 维生素 B_6

（1）生理功能 维生素 B_6 又名抗皮炎素，包括吡哆醇、吡哆醛及吡哆胺三种化合物。维生素 B_6 以辅酶形式参与氨基酸及其他物质的代谢。

（2）来源 维生素 B_6 的商品形式多为吡哆醇盐酸盐，饲料添加剂多使用盐酸吡哆醇。

7. 生物素

（1）生理功能 生物素又名维生素 H、促长素 Ⅱ。作为羟化酶之辅酶，在体内二氧化碳固定反应与羧化过程中起重要作用。

（2）来源 生物素广泛分布于动植物组织中。生物素的补充物为右旋生物素（$D-$ 生物素）制剂。

8. 叶酸

（1）生理功能 叶酸又名蝶酰谷氨酸、抗贫血因子、维生素 Bc。参与体内一碳基团转移、核酸合成等，可与维生素 B_{12} 和维生素 C 共同促进红细胞、血红蛋白和抗体的形成。

（2）来源 叶酸广泛分布于动植物产品中。青绿饲料、谷物、豆类及其制品和多种动物产品中都含有丰富的叶酸。

9. 维生素 B_{12}

（1）生理功能 维生素 B_{12} 又名氰钴素、钴胺素、抗恶性贫血维生素。维生素 B_{12} 的主要功能是参与核酸及蛋白质的生物合成，维持造血功能。

（2）来源 植物饲料中不含维生素 B_{12}，动物性饲料是维生素 B_{12} 的重要来源，在鱼粉中含量较为丰富。商品维生素 B_{12} 原粉中含量达 95% 以上。由于饲料中添加量极少，用作饲料添加剂的商品制剂多为加有载体或稀释剂，含维生素 B_{12} 0.1% 或 1% ~ 10% 的预混料粉剂产品。

10. 维生素 C

（1）生理功能 维生素 C 又名抗坏血酸。主要功能是参与细胞间质的生成、氧化还原反应，促进铁的吸收，增强机体免疫力，解毒以及抗氧化作用等。

（2）来源 饲料添加剂常用的维生素 C 为 $L-$ 抗坏血酸及稳定性较好的维生素 C 多聚磷酸酯。

七、水

水是一种重要的营养成分，成年动物体成分中 1/2~2/3 由水组成，初生动物体成分中水分高达 80%。在动物生产上，水一般容易获得，但水质容易被忽视。保证动物供水的充足和饮水卫生，对动物的健康和生产具有十分重要的意义。

（一）水的生理作用

水的营养生理作用很复杂，动物生命活动过程中许多特殊生理功能都有赖于水的存在。

1. 水是动物机体的主要组成成分

水是动物机体细胞的一种主要结构物质。早期发育的胎儿，含水高达 90% 以上，初生幼畜 80% 左右，成年动物 50%~60%。一般规律是随年龄和体重的增加而减少。水和空气一样，是动物生命绝对不可缺少的一种物质。

2. 水是一种理想的溶剂

水有很高的电解常数，很多化合物容易在水中电解，以离子形式存在，动物体内水的代谢与电解质的代谢紧密结合。多数细胞质是胶体和晶体的混合物，使得水溶解性特别重要。此外，水在胃肠道中作为转运半固状食糜的中间媒介，还作为血液、组织液、细胞及分泌物、排泄物等的载体。所以，体内各种营养物质的吸收、转运和代谢废物的排出必须溶于水后才能进行。

3. 水是一切化学反应的介质

水的离解较弱，属于惰性物质。但是，由于动物体内酶的作用，使水参与很多生物化学反应，如水解、水合、氧化还原、有机化合物的合成和细胞的呼吸过程等。动物体内所有聚合和解聚作用都伴有水的结合或释放。

4. 调节体温

水的比热大、导热性好、蒸发热高，所以水能储蓄热能、迅速传递热能和蒸发散失热能，有利于恒温动物体温的调节。血液循环中血液的快速流动，喘气和出汗，冷应激时限制血液流经体表等，都有助于动物控制体温恒定。水的导热性比其他液体好，有助于深部组织热量的散失。如动物肌肉连续活动20min，无水散热，其温度可使蛋白质凝固。水的蒸发散热对具有汗腺的动物更为重要。

5. 润滑作用

动物体关节囊内、体腔内和各器官间的组织液中的水，可以减少关节和器官间的摩擦力，起到润滑作用。

此外，水对神经系统如脑脊髓液的保护性缓冲作用也是非常重要的。

（二）水的来源

动物体获取水的来源有三条途径：饮水、饲料水和代谢水。

1. 饮水

饮水是动物获得水的重要来源。动物饮水的多少与动物种类、生理状态、生产水平、饲料或日粮构成成分、环境温度等有关。在环境温度还不至于引起热应激的前提下，饮水量随采食量增加而成直线上升。当热应激时饮水大幅度增加。在一般情况下，牛的饮水量多，羊和猪次之，家禽饮水量少。多数动物在采食过程或稍后都要饮水，天气炎热时，饮水频率和量增加。

2. 饲料水

饲料水是动物获取水的另一个重要来源。动物采食不同性质的饲料，获取水分的多少各异。成熟的牧草或干草，水分可低到5%~7%；幼嫩青绿多汁饲料水分可高到90%以上；配合饲料水分含量一般在10%~14%以内。动物采食饲料中水分含量多，饮水越少。

3. 代谢水

代谢水是动物体细胞中有机物质氧化分解或合成过程中所产生的水，其量在大多数动物中占总摄水量的 5%~10%。

（三）动物的需水量

动物对水的需要比对其他营养物质的需要更重要。在正常情况下，动物的需水量与采食的干物质量呈一定比例关系。一般采食每千克干物质需饮水 2~5kg。牛通常采食干物质与饮水之比为 1：4；羊接近于 1：2.5~3.0；初生动物单位体重需水量要比成年动物高。动物生理状况不同需水量不同。高产奶牛、高产母鸡、重役马需水量比同类的低产动物多。如日泌乳 10kg 的奶牛，日需水 45~50kg；日泌乳 40kg 的高产奶牛，日需水高达 100~110kg。在适宜环境中，猪每摄入 1kg 干物质，需饮水 2.0~2.5kg，马和鸡则为 2~3kg，牛为 3~5kg，犊牛为 6~8kg。妊娠也增加对水的需要，产多羔母羊需水比产单羔母羊多。

（四）水的品质

水的品质直接影响动物的饮水量、饲料消耗、健康和生产水平。在畜禽生产中，需要关注以下主要水质指标：

1. 硬度

水的硬度一般是指水中钙、镁离子的含量。硬度较高的水并不妨碍动物饮用，但很容易形成沉淀阻塞管道，使水流量降低。当硫酸盐与镁和钙共同存在时，可引起猪的腹泻。《无公害食品 畜禽饮用水水质》（NY 5027—2008）标准中规定水的总硬度（以 $CaCO_3$ 计）≤ 1 500mg/L。

2. 溶解性总固体物

溶解性总固体物是指水经过过滤之后，那些仍然溶于水中的各种无机盐类、有机物等。国外学者曾指出，饮水中溶解性总固体物含量低于 100mg/kg 对猪是安全的；1 000 ～ 5 000mg/kg 可能导致猪拒绝饮水，或使猪发生短暂的轻微腹泻；5 000 ～ 7 000mg/kg 对妊娠母猪或泌乳母猪造成问题。NY 5027—2008 标准中规定饮水中溶解性总固体的含量：畜 ≤ 4 000 mg/L，禽 ≤ 2 000 mg/L。

3. 硝酸盐和亚硝酸盐、硫酸盐

硝酸盐和亚硝酸盐广泛存在于水中。硝酸盐一般不会威胁动物健康，但其还原产物亚硝酸盐能改变血红蛋白的结构，使血红蛋白失去携氧能力，血液颜色变暗。亚硝酸盐浓度在 33mg/L 以上便具有毒性。亚硝酸盐中毒可使妊娠母猪发生流产。NY 5027—2008 标准中规定饮水中硝酸盐（以 N 计）的含量：畜 ≤ 10.0 mg/L，禽 ≤ 3.0 mg/L。

水中硫酸盐浓度达到一定程度可引起猪只腹泻，NY 5027—2008 标准中规定饮水中硫酸盐（以 SO_4^{2-} 计）的含量: 畜 ≤ 500 mg/L，禽 ≤ 250 mg/L。

4. 细菌污染

一般通过总大肠菌群计数表示饮水的细菌污染程度。细菌总数和大肠菌群数超标会引起动物腹泻、营养吸收障碍和其他多种疾病。NY 5027—2008 标准中规定饮水中总大肠菌群的含量：成年畜 ≤ 100 MPN/100mL，幼畜和禽 ≤ 10 MPN/100mL。

5. 毒理学指标

畜禽饮用水需要考虑水中氟化物、氰化物、砷、汞、铅、铬等有毒有害物质的含量，具体限量标准见表 27。

表 27 畜禽饮用水毒理学限量指标（NY 5027—2008）

项 目		标 准 值	
		畜	禽
氟化物（以 F^- 计）(mg/L)	≤	2.0	2.0
氰化物（mg／L）	≤	0.20	0.05

续表

项　目		标　准　值	
		畜	禽
总砷 (mg／L)	≤	0.2	0.2
总汞 (mg/L)	≤	0.010	0.001
铅 (mg/L)	≤	0.1	0.1
铬（六价）(mg／L)	≤	0.10	0.05
镉 (mg／L)	≤	0.05	0.01
硝酸盐（以 N 计）(mg／L)	≤	10.0	3.0

八、营养需要与饲养标准

（一）营养需要

营养需要是指动物在最适宜环境条件下，正常、健康生长或达到理想生产成绩对各种营养物质种类和数量的最低要求。动物营养需要包括维持需要，生长和肥育需要，产毛和产蛋，妊娠需要和泌乳需要。营养需要量是一个群体平均值，不包括一切可能增加需要量而设定的保险系数。制定营养需要的目的是为了使营养物质定额具有广泛的参考意义。为保证相互借用参考的可靠性和经济有效地饲养动物，营养物质的定额按最低需要量给出。对一些有毒、有害的微量营养素，常给出耐受量和中毒量。

营养需要中规定的营养物质定额一般不适宜直接在动物生产中应用，常要根据不同的具体条件，适当考虑一定程度保险系数。其主要原因是实际动物生产的环境条件一般难达到制定营养需要所规定的条件要求。因此，应用营养需要中的定额，认真考虑保险系数十分重要。

（二）饲养标准

饲养标准是根据大量饲养实验结果和动物生产实践的经验总结，对各种特定动物所需要的各种营养物质的定额做出的规定，这种系统的营养定额及有关资料统称为饲养标准。简言之，即特定动物系统成套的营养定额就是饲养标准。饲养标准则更为确切和系统地表述了经实验研究确定的特定动物(不同种类、性别、年龄、体重、生理状态、生产性能、不同环境条件等)能量和各种营养物质的定额数值。

饲养标准大致可分为二类，一类是国家规定和颁布的饲养标准，称为国家标准；另一类是大型育种公司根据自己培育出的优良品种或品系的特点，制定的符合该品种或品系营养需要的饲养标准，称为专用标准。饲养标准的主要指标有采食量、能量、蛋白质与氨基酸、维生素和矿物质。饲养标准在选择和使用时应根据具体情况灵活运用。合理的选择和使用饲养标准有利于提高动物生产性能、养殖经济效益以及环境安全。

第四部分　影响饲料安全的主要因素

影响饲料安全的因素主要有人为因素、自然因素和生物技术三个方面。

一、人为因素

（一）非法使用抗生素

非法使用抗生素主要包括在饲料中非法添加和不规范使用饲料药物添加剂，非法使用人药，非法添加禁止在饲料中使用的药物和食品动物禁用的兽药及其化合物。

饲料药物添加剂具有促进动物生长、预防疾病及提高饲料报酬等作用，对提高养殖经济效益的作用非常明显。然而，饲料药物添加剂长期使用、最大剂量使用、不规范使用和滥用带来了一系列安全问题。

长期使用抗生素，严重损害动物机体免疫功能。被摄入机体后的抗生素，随血液分布到肝、肾、脾、肺、胸腺、淋巴结和骨骼等各组织器官，使动物产生药物依赖性，降低动物的免疫力和抗病力。另外，某些抗生素直接损害动物的组织器官，也影响机体免疫功能。

长期使用抗生素易造成机体二重感染和内源性感染。二重感染又称重复感染，是指长期使用广谱抗生素，可使敏感菌群受到抑制，而一些不敏感菌（如真菌等）乘机生长繁殖，产生新的感染现象。内源性感染指引起感染的病原体来源于自身的体表或体内的正常菌群，如长期大量使用抗生素引起体内正常菌群失调，潜伏在体内的有害菌趁机大量繁殖，而引起内源感染。

长期使用抗生素易产生耐药性。耐药性，又称抗药性，系指微生物、寄生虫以及肿瘤细胞对于药物作用的耐受性，耐药性一旦产生，药物的作用就明显下降。抗生素用量不足，用药时间长，不仅达不到预防效果，而且严重诱发细菌产生耐药性。根据临床和流行病学调查发现，各种病原菌均有不同程度的抗药性。"超级细菌"是人们过度依赖、长期滥用抗生素造成的严重恶果。

抗生素易造成药物残留。药物残留是指药物使用后蓄积或者贮存在自然界、动物细胞、组织和器官内以及动物产品的任何可食部分所含药物的母体化合物及其代谢物，以及与药物有关的杂质。药物残留在自然界中，影响自然中微生物的平衡，从而影响生态平衡；长期食用药物残留的食品，对人体健康的影响主要为毒副作用、过敏反应、变态反应和"三致"作用（致畸作用、致癌作用和致突变作用），严重危害人类安全。

（二）非法使用违禁物

非法使用违禁物主要是指在饲料中添加法律法规严禁添加的物质和国家法律法规许可使用以外的物质。重点包括瘦肉精、孔雀石绿、三聚氰胺等违禁物，同时包括饲料原料目录以外的原料、饲料添加剂目录外的添加剂以及禁止在饲料和动物饮水中使用的物质。一些饲料加工或畜禽养殖厂商受利益驱动，或者出于无知，非法使用违禁物质，导致该类药物在畜禽产品中和环境中残留，严重影响畜产品安全和环境安全。近年来，由于人为非法添加违禁物质，导致畜产品安全事件，为保证畜产品安全，严禁在饲料中非法添加法律法规规定以外的任何物质。

1. 瘦肉精

瘦肉精是一类药物的统称，主要是肾上腺类、β-激动剂、β-兴奋剂，包括盐酸克伦特罗、莱克多巴胺、沙丁胺醇、硫酸沙丁胺醇、盐酸多巴胺、西马特罗、硫酸特布他林苯乙醇胺 A、班布特罗、盐酸齐帕特罗、盐酸氯丙那林、马布特罗、西布特罗、溴布特罗、酒石酸阿福特罗、富马酸福莫特罗。瘦肉精主要非法添加到猪和反刍动物饲料中，能使猪提高生长速度，增加瘦肉率，猪毛色红润光亮；屠宰后，肉色鲜红，脂肪层极薄，瘦肉丰满。

瘦肉精虽然有助于动物生长和增加瘦肉率，但长期使用会使该药蓄积在动物组织中。盐酸克伦特罗在动物体内主要分布于肝脏，在肝脏去甲基后随尿排出，具有吸收快、分布广、脂溶性高和半衰期长等特点。但其代谢率较低，不易大量代谢排出，残留量较高。盐酸克伦特罗在动物体内残留最高的部位是眼睛和毛发，其次是肝脏、肺脏、肾脏和骨髓等器官，而肌肉中含量较肝脏和肺脏低很多，但其残留性蓄积与用药量和用药时间有关，一般随停药期的延长而逐渐下降。此外，因盐酸克伦特罗性质稳定和降解缓慢，其可在环境中蓄积、转移和转化，特别是贮存在水环境中的盐酸克伦特罗可扩展和演化，进而污染生产环境。

饲料中盐酸克伦特罗的剂量一般为人体药用剂量的 10 倍以上。一旦人们食用了含盐酸克伦特罗残留过高的畜产品后，15min 到 6h 就可出现急性中毒，导致肌细胞的死亡和心脏机能的损坏。中毒者主要表现为头痛、头晕、四肢震颤、肌肉酸痛、多汗、胸闷和心悸等一系列症状。特别是对患有高血压、心脏病、甲亢和前列腺肥大等疾病的患者危害更大，严重者可致人死亡。因此，一旦出现上述症状应立即停止食用，且要多饮水，症状较重时则应及时到医院诊治。

2. 孔雀石绿

孔雀石绿又名孔雀绿、碱基绿，是人工合成的有机化合物，为翠绿色有光泽的结晶，极易溶于水，水溶液呈蓝绿色。孔雀石绿作为驱虫剂、杀菌剂、防腐剂在水产养殖中应用，因为具有价格低廉、效果显著等优点，被广泛应用于预防与治疗各类水产动物的水霉病和对原虫的控制。农业部已将孔雀石绿列为水产上的禁药，但非食用的观赏鱼可以使用。孔雀石绿具有潜在的致癌、致畸、致突变的作用，由于没有低廉有效的替代品，孔雀石绿在水产养殖中的使用屡禁不止。孔雀石绿及其代谢产物无色孔雀石绿能迅速在组织中蓄积，较多的在受精卵和鱼苗的血清、肝、肾、肌肉和其他组织中检测到。无色孔雀石绿不溶于水，因而其残留毒性比孔雀石绿更强。

3. 三聚氰胺

三聚氰胺，俗称密胺、蛋白精，是一种三嗪类含氮杂环有机化合物，白色单斜晶体，几乎无味，微溶于水，可溶于甲醇、甲醛、乙酸等，不溶于丙酮、醚类，禁止用于食品加工和饲料。三聚氰胺由于氮含量高（66%左右），被不法生产经营者添加到饲料中，提高饲料粗蛋白质含量，这不但没有任何营养价值，只能造成蛋白质虚假升高，同时还造成资源浪费，而且还会危害动物健康。

三聚氰胺本身为低毒性，对老鼠的半数致死量为 3 248mg/kg，对兔子半数致死量则超过 1 000 mg/kg，将大剂量的三聚氰胺饲喂给猪、兔和狗后没有观察到明显的急性中毒现象。长期摄入三聚氰胺会造成生殖、泌尿系统的损害，膀胱、肾部结石，并可进一步诱发膀胱癌。有报道，三聚氰胺在人体的消化过程中，特别是在胃酸的作用下，自身即可能部分转化为三聚氰酸，而与未转化部分形成结晶。一般成年人身体会排出大部分的三聚氰胺，不过如果与三聚氰酸并用，会形成无法溶解的氰尿酸三聚氰胺，造成严重的肾结石。农业部 1218 号公告规定饲料原料和饲料产品中三聚氰胺限量值为 2.5mg/kg。

4. 苏丹红

苏丹红是一种化学染色剂，有Ⅰ、Ⅱ、Ⅲ、Ⅳ号四种，主要用于油彩、机油、蜡和鞋油等产品的染色。用苏丹红染色后的食品颜色非常鲜艳且不易褪色，能引起人们强烈的食欲，导致一些不法食品企业把苏丹红添加到食品中。常见的添加苏丹红的食品有辣椒粉、辣椒油、红豆腐、红心禽蛋等。苏丹红具有致突变性和致癌性，对人体的肝、肾具有明显的毒性作用。我国禁止在食品和饲料中使用苏丹红。

（三）过量使用微量元素

过量使用微量元素是指不按照《饲料添加剂安全使用规范》中规定微量元素的推荐添加量。本书介绍铜、锌和砷的危害。

1. 高铜

猪对铜的需要量为 5 ～ 8mg/kg，而 NRC（2012）标准推荐猪对铜的需要量仅为 3 ～ 6 mg/kg。高铜（125 ～ 250 mg/kg）可促进猪的生长速度和提高饲料效率，在仔猪阶段尤为突出，肥育阶段效果不明显；高铜可提高母猪繁殖性能，使仔猪初生重和断奶重有所增加。过量铜会引起动物中毒。饲料中过量铜在体内特别是肝脏的大量蓄积，出现肝脏异常、胃肠反应、肾脏病变及溶血，母畜会引发流产。一般情况下，猪日粮中铜浓度达 350 ～ 400 mg/kg 时可引起明显的铜中毒，铜含量达 500 mg/kg 时可引起死亡。过量铜会引起饲料营养不平衡和影响饲料适口性。铜与锌和铁有拮抗作用，高铜可降低他们在肠道的吸收；高铜使饲料中的维生素 A、维生素 D、维生素 E、核黄素、油脂等不稳定物质发生氧化，引起营养素的不平衡；高铜可使猪肉的不饱和脂肪酸含量增加，从而使猪肉易氧化，不易储存，货架期缩短；高铜会降低畜产品可食用性和安全性，危害人体健康，长期饲喂高铜可使动物肝、肾中铜残留量显著增加，食用其内脏易导致人铜中毒。一般成年动物对铜的吸收率不高于 5% ~ 10%，幼龄动物也不高于 15% ~ 30%，大量铜从动物粪便中排泄，使土壤中铜含量增加，微生物减少，造成土壤板结，土壤肥力下降，影响作物产量和养分含量。同时，使用高铜浪费资源。农业部 1224 号公告对高铜的使用做出了明确限制，在仔猪 (≤ 30kg)、生长猪 (30 ~ 60kg) 和肥育猪 (≥ 60kg) 饲料中无机铜最高不得超过 200 mg/kg、150 mg/kg 和 35 mg/kg。目前，铜的限量添加量正在进一步修订中。除限制铜在日粮中的添加量外，在饲料中使用有机铜，可提高铜利用率，减少铜对环境的污染。

2. 高锌

在断奶仔猪日粮中，以氧化锌形式添加高浓度锌 (2 000 ~ 3 000 mg/kg) 能显著缓解仔猪断奶后下痢的发生，可提高日增重 7% ~ 9%，提高饲料利用率 7% 左右。但长期饲喂高锌日粮，将会抑制断奶仔猪生长，降低日增重，出现皮肤苍白，被毛粗乱卷曲等现象。同时，由于锌与铁和铜有拮抗作用，高锌降低铁和铜的吸收，导致血红蛋白含量显著下降，动物贫血，如长期使用高锌会导致猪只死亡。

动物对锌的耐受性较强，但是日粮中锌水平过高仍然会引起动物锌中毒。猪中毒的症状表现为食欲减退、生长发育不良、贫血、关节肿大、跛行、腋下出血、胃肠炎。长期饲喂高锌日粮可使动物体组织中锌含量增高。据报道，动物肝、肾中锌的平均含量分别为 135 mg/kg 和 80 mg/kg（脱脂干重），而锌中毒损害的动物肝、肾中锌含量相应升高为 2 000 mg/kg 和 670 mg/kg，影响食品安全，危害人体健康。同时，添加的高锌 90% 以上被排出体外，对生态环境造成极大的污染，且浪费资源。目前，在断奶仔猪料中添加高锌已很普遍。为保证养猪向生态畜牧业方面发展，农业部 1224 号公告规定，在仔猪饲料中，氧化锌添加量不得超过 2 250 mg/kg，且持续添加时间不得超过断奶后 2 周。目前，锌的限量添加量正在修订中。

3. 砷

饲料中添加有机胂（对氨基苯砷酸，阿散酸；3- 硝基 -4- 羟基苯砷酸，洛克沙胂），可以提高猪只增重和饲料利用率，预防猪下痢。

动物长期少量摄入砷时，引起慢性中毒，主要表现为神经系统和消化机能衰弱与扰乱，精神沉郁，皮肤痛觉和触觉减退，四肢肌肉软弱无力和麻痹，消瘦，被毛粗乱、无光泽，脱毛或脱蹄，食欲不振，消化不良，腹痛，持续性下痢，母畜不孕或流产。动物实验还表明，砷可使动物发生畸胎。砷可能对人类产生危害。有机砷在动物体内不易吸收，排出体外变成毒性更大的无机砷，通过食物链间接进入人体，由于小剂量的砷长期不断地进入体内，肌体吸收的砷与巯基酶结合，使酶失活，导致细胞代谢紊乱，危害人类健康。砷化合物已被国际癌症研究机构 (IARC) 确认为致癌物。世界卫生组织规定食品中砷含量不超过 0.1mg/kg，美国 FDA 规定食品中砷含量不超过 2.65mg/kg；我国食品中污染物限量 (GB 2762—2017) 规定动物性食品中总砷的含量（以 As 计）限量肉类为 0.5 mg/kg；我国《饲料卫生标准》规定了砷在饲料中的限量标准，见附录一。

（四）饲料的交叉污染

交叉污染是指在某一批次饲料产品中混入了上一批或前面

某些批次产品，而使本批次产品中含有不应含有的饲料药物添加剂或其他物质。饲料药物添加剂和某些有潜在危害的物质的非预期交叉污染可能会造成饲喂动物和动物产品的不安全，从而影响消费者的健康。交叉污染广泛存在于饲料厂的生产过程。引起交叉污染的因素涉及许多方面，如加工设备、工艺、操作规程、管理制度、人员素质等。其中加工设备残留、操作规程不规范是最重要的环节。而以药物的交叉污染引起的安全危害最大。按照"无药物在先，有药物在后"的原则制订生产计划，清洗生产线，加强清洗料、小料及其原料盛放器具的使用与管理，定期清理设备等措施降低饲料交叉污染，保证饲料安全。

（五）配合饲料营养不平衡

营养平衡主要指动物的生理需要和饲料营养素供给之间的平衡，主要包括能量蛋白平衡、氨基酸平衡、钙磷平衡、电解质平衡以及各种营养素摄入量之间的平衡。营养不平衡影响动物生产性能，影响动物健康，降低动物免疫力以及危害环境安全。营养物质之间平衡包括摄入的养分数量、养分间的比例、养分间的协同作用和拮抗作用等。影响饲料营养不平衡的主要有饲养标准制定和选择、饲料原料营养成分数据、原料间的组合搭配、配方师的经验和水平、畜禽养殖环境和管理因素、畜禽健康状况以及不按照标签使用等因素。

1. 能蛋平衡

能蛋平衡指饲料中消化能（kJ/kg）与粗蛋白质（g/kg）的比值，或者代谢能或净能 (kJ/kg) 与粗蛋白质 (%) 比值，能蛋比不合理将影响畜禽健康、生产性能和畜产品品质。能量蛋白比的选择首先是确定所选的饲养对象，相同对象中，不同品种的动物其最适宜的能量蛋白比也不同；其次是确定饲喂对象的生长阶段、体重以及动物生理阶段；第三是确定饲喂动物的生产目的，是产乳、育肥还是繁殖；第四确定动物所处环境条件；第五结合现有饲料原料和经济效益，确定在此时所需的最适宜的能量蛋白比。

2. 氨基酸平衡

所谓理想蛋白质，是指这种蛋白质的氨基酸在组成和比例上与动物所需蛋白质的氨基酸的组成和比例一致，包括必需氨基酸之间以及必需氨基酸和非必需氨基酸之间的组成和比例，动物对该种蛋白质的利用率应为100%。理想蛋白实质是将动物所需蛋白质氨基酸的组成和比例作为评定饲料蛋白质质量的标准，并将其用于评定动物对蛋白质和氨基酸的需要。

3. 钙磷平衡

钙和磷是饲料中的非常重要的常量元素，是畜禽构成骨骼的重要物质，二者相互作用，只有在合理的比例状态下，才能很好地发挥其作用，促进畜禽的生长。反之，高钙低磷或低钙高磷比例失调的日粮都可引起畜禽生长受阻，降低生产性能，甚至产生病变。畜禽钙磷正常比值在 $1 \sim 2 : 1$，产蛋禽一般为 $4 : 1$。畜禽对钙磷比有一定的耐受力，一般高钙高磷日粮不会使畜禽中毒，但是过量钙会干扰其他元素如磷、锌、锰等的吸收，导致这些元素缺乏而出现缺乏症。

二、自然因素

（一）饲料中的抗营养因子

饲料中影响营养物质消化、吸收与利用以及危害畜禽健康、降低动物生产性能的物质，统称为抗营养因子。植物性饲料中的抗营养因子主要有蛋白酶抑制因子、植酸、非淀粉多糖、单宁、硫葡萄糖苷等，植物性饲料中常见的抗营养因子及其主要危害见表 28；动物性饲料中微生物分解蛋白质时产生的生物胺和氨。抗营养因子主要降低动物对蛋白质、能量、矿物质和维生素利用率，影响动物免疫功能，对动物组织造成不良影响。消除饲料中抗营养因子的方法有物理法、化学法、生物学法等。

表 28　植物饲料中常见的抗营养因子分布及其主要危害

抗营养因子	主要分布	主要危害
蛋白酶抑制因子	豆类、花生及其饼粕类、甜菜、高粱以及块根类等	抑制胰蛋白酶、胃蛋白酶的活性，促进胰腺分泌，胰腺肥大
植酸磷	豆科籽实、谷实	干扰矿物元素生物有效性，形成蛋白复合物
非淀粉多糖	谷物饲料	促使消化道内容物黏稠，影响日粮的消化吸收
单宁	豆科籽实及其饼粕、高粱等	影响蛋白质、碳水化合物的消化吸收等
硫葡萄糖苷	菜籽及菜籽粕、白菜和甘蓝等	抑制生长、心脂增加，血小板减少，影响适口性
外源凝集素	豆科籽实	损害肠壁，内源蛋白分泌损失增加，影响生长
棉酚	棉籽及其饼粕	刺激胃黏膜，破坏铁和蛋白质的代谢
皂角苷	豆类、牧草	影响养分的正常吸收

（二）饲料的油脂酸败

油脂酸败是油脂在加工和贮藏过程中，在酶或者微生物的作用下，或与空气接触产生氧化作用，发生一系列的化学变化，

133

产生臭味和异味的现象。饲料中油脂酸败的现象称饲料油脂酸败。饲料中油脂酸败会给养殖场和生产企业带来严重的经济损失。饲料酸败主要受饲料中油脂含量、湿度和温度、微量元素添加量、空气中的氧和过氧化物以及其他因素（存放时间、光照、表面积等）的影响。饲料油脂出现酸败会产生不良风味，降低饲料的适口性、营养价值和利用率；油脂酸败产物刺激消化道黏膜，并抑制胰蛋白酶、糜蛋白酶和胃蛋白酶等消化酶的活性，从而降低营养物质的消化与吸收，影响动物的生产性能；动物长期采食酸败的油脂会使动物体重减轻，使肝、心和肾脏等实质器官出现病变，同时机体免疫机能降低，生长发育障碍，降低动物生产性能。油脂酸败产物会降低肉产品的氧化稳定性，使肉产品在贮存时有水分渗出、颜色消退和产生异味。

（三）环境污染

由于受工业污染、空气污染和农药污染，导致饲料中镉、铅、汞、砷等重金属、有机磷、有机氯以及二噁英、苯并（α）芘等化合物的污染而危害饲料安全。

1. 镉

通常情况下，植物饲料中镉的含量很低，最高不超过 1mg/kg。作物容易富集镉，如果土壤受镉污染严重，导致植物饲料镉超标。鱼类对镉有较强的富集能力，体内可富集水中 1 000 ~ 100 000 倍的镉。一般鱼粉中镉的含量要高于植物性饲料（平均达 1.2mg/kg），而镉污染海域的鱼粉中镉含量可高达 25mg/kg。镉和锌是一种伴生关系，硫酸锌和氧化锌中镉易超标。

进入体内的镉排泄很慢，半衰期达 10 年以上，镉在体内缓慢蓄积而引起慢性中毒。镉导致骨质疏松症，镉可干扰锌、铜、铁在体内的吸收和代谢，导致铁、铜、锌的缺乏症，镉还引起动物生育障碍、染色体畸变和 DNA 损伤。我国食品中污染物限量 (GB 2762—2017) 规定动物性食品中镉的限量标准 (以 Cd 计) 肉类为 0.1mg/kg，畜禽肝脏为 0.5mg/kg，畜禽肾脏为 1.0mg/kg；我国《饲料卫生标准》规定了镉在饲料中的限量标准，见附录一。

2. 铅

饲料中铅污染主要是使用铅含量不合格的微量元素锌源、铜源以及被铅污染的饲料原料。随饲料摄入的铅可在动物体内蓄积，90% ~ 95% 的铅以不溶性磷酸三铅的形式蓄积于骨骼中，少量存在于肝、脑、肾和血液中。铅引起动物慢性中毒，主要表现为损害神经系统、造血系统、免疫系统、消化系统和肾脏及生殖系统。损伤的神经系统主要表现为迟钝、步态僵硬、呆立、不时转圈。铅对造血系统的作用主要是抑制血红蛋白的合成，引起贫血。铅也能直接作用于红细胞膜而使红细胞的脆性增加，造成溶血。铅还可影响凝血酶活性，因而妨碍血凝过程。铅对机体的体液及细胞免疫功能均有一定的毒性作用。铅对消化道黏膜有刺激作用，导致分泌与蠕动机能扰乱，出现便秘或便秘与腹泻交替出现。铅对肾脏有一定的损害，引起肾小管上皮细胞变性、坏死，出现中毒性肾病。铅会降低精子数及精子活力。此外，在动物试验中发现铅有致畸、致突变和致癌作用。

我国食品中污染物限量 (GB 2762—2017) 规定动物性食品中铅的限量标准 (以 Pb 计) 肉类为 0.2 mg/kg，畜禽内脏为 0.5 mg/kg。我国《饲料卫生标准》规定了铅在饲料中的限量标准，见附录一。

3. 二噁英

二噁英是二噁英类的简称，它指的并不是一种单一物质，而是结构和性质都很相似的包含众多同类物或异构体的有机化合物。二噁英包括200余种化合物,这类物质非常稳定,熔点较高,极难溶于水，是无色无味的脂溶性物质，非常容易在生物体内积累，毒性十分大，是砒霜的900倍，有"世纪之毒"之称，万分之一甚至亿分之一克的二噁英就会给健康带来严重的危害。国际癌症研究中心已将其列为人类一级致癌物。二噁英污染饲料和食品，2011年01月，德国多家农场传出动物饲料被二噁英污染的事件；2008年12月，葡萄牙检疫部门在从爱尔兰进口的30 t猪肉中检测出二噁英；1999年3月，在比利时发现鸡饲料被二噁英严重污染，导致鸡肉二噁英严重超标。二噁英被动物摄入体内后，主要贮存于肝脏和脂肪中，引起肝肾损害和内分泌紊乱，危害生育和胚胎发育，损害免疫机能等，并对实验动物具有明显的致癌性。二噁英常以微小的颗粒存在于大气、土壤和水中，主要的污染源是化工冶金工业、垃圾焚烧、造纸以及生产杀虫剂等产业。防止二噁英污染危害的根本措施在于控制和处理二噁英污染源，防止污染物释出与扩散。制定大气二噁英的环境质量标准以及每日可耐受摄入量（Tolerable Daily Intake，TDI）。一些国家制定或修订二噁英的TDI值，如美国、荷兰、德国、日本及加拿大对二噁英设定的TDI值分别为0.006pgTEQ/kg、1pgTEQ/kg、4pgTEQ/kg 和 10pgTEQ/kg（toxic equivalent quantity，TEQ，即毒性当量）。我国在《生活垃圾焚烧污染控制标准》（GB18485—2001）中规定，二噁英的排放限量浓度为1.0ngTEQ/Nm^3（1.0ngTEQ/Nm^3 = 1 000pgTEQ/1.293kg = 773pgTEQ/kg）。

4. 苯并 (a) 芘

饲料中苯并 (a) 芘主要来源于被其污染的饲料原料，由于苯并 (a) 芘污染空气、土壤和水质，使饲料原料和水产品受到苯并 (a) 芘的污染，单细胞蛋白含有少量苯并 (a) 芘，饼粕加工和饲料加工过程也可能被其污染。杨意峰等报道，鸡体内各组织苯并 (a) 芘的湿重浓度在 0.024 ~ 0.150ng/g 之间，肌肉中的浓度显著低于其他组织，而粪便中的浓度显著高于体内各组织浓度。鸡体内

摄入的苯并 (a) 芘约 60% 在体内代谢，约 1/3 通过粪便直接排泄，仅少量残留在表皮、肌肉和其他器官中。苯并 (a) 芘对人类和动物是一种强的致癌物质。1987 年，国际癌症研究中心 (IARC) 将苯并 (a) 芘总评为对人类很可能有致癌性的 37 种化学物质之一。苯并 (a) 芘为前致癌物，当其进入机体后，通过代谢酶作用产生代谢活化物，并与 DNA 共价结合形成苯并 (a) 芘 –DNA 加成物，从而产生致癌作用。德国规定肉及肉制品中苯并 (a) 芘要求 ≤ 1ng/g；意大利规定食品及饮料 ≤ 0.03 ng/g，生活饮用水水质标准要求 ≤ 0.01mg/L；我国食品中污染物限量 (GB 2762—2017) 规定肉及肉制品苯并 (a) 芘的限量标准为 5.0 μg/kg。

（四）微生物污染

饲料中的病原微生物污染是指饲料中存在的或污染的可引起饲料变质并直接影响动物健康、间接影响饲料安全和人类健康的微生物污染，包括各种霉菌、致病性细菌（如沙门氏菌、大肠杆菌等）及其代谢产物。

1. 饲料中的霉菌毒素

霉菌毒素危害饲料主要有黄曲霉毒素、伏马菌素、呕吐毒素、赭曲霉素和玉米赤霉烯酮。饲料霉变是指自然界中的霉菌（系真菌的一部分）在饲料中生长繁殖，吸收饲料中的养分，并分解出有毒代谢物质，即霉菌毒素，它使饲料的本质发生一系列变化的过程。

饲料霉变主要受饲料原料含水量、饲料生产环节、存储和运输、不同区域季节气候和饲料原料植物的遗传特性的影响。饲料霉变会产生霉菌毒素，霉菌毒素具有普遍性、隐蔽性、微量性以及多样性与复杂性等特点。我国饲料中霉菌毒素污染主要以呕吐毒素、烟曲霉毒素、玉米赤霉烯酮和黄曲霉毒素为主。

饲料霉变降低饲料的营养价值，破坏饲料蛋白质，使饲料中的氨基酸含量减少，饲料蛋白质品质下降，蛋白质的消化率和利用率降低。霉菌的生长还会消耗饲料中的维生素，使维生素的含量减少 30% 左右，与此同时，饲料霉变使饲料的适口性变差，影响饲料的适口性。

群发性和无传染性、隐蔽性和蓄积性、无免疫性、地域性和季节性、引起损害的多样性、中毒症状复杂多样是霉菌毒素危害的特点。饲料中霉菌毒素会导致生猪生长速度缓慢，毛发脱落，日增重下降，采食量和食欲下降，饲料报酬降低；猪群发生慢性腹泻；群体免疫功能下降；母猪表现受精率降低，出现流产、不发情、死胎、弱仔，返情现象增多，假性妊娠比例增高；公猪出现包皮增大、精液品质下降、性欲降低等现象。不同的主要霉菌毒素引起畜禽中毒的临床症状各不相同，表 29 介绍不同霉菌毒素对畜禽健康、繁殖和生长的危害。霉菌毒素对人体有害，人体通过食用含有霉菌毒素的食品而引起霉菌毒素中毒，尤其是霉菌毒素 B_1，极少量霉菌毒素 B_1 就具有"三致"作用。动物摄入黄曲霉毒素后，在肝脏中分布最多，含量可为其他器官组织的 5~15 倍。肾、脾和肾上腺中亦可检出。血液中有但极微量，肌肉中一般检不出。黄曲霉毒素如不连续摄入，一般不在体内蓄积。黄曲霉毒素及其代谢产物在动物体内残留及随乳汁、尿、粪和呼吸等排出。

表 29 主要霉菌毒素对畜禽的危害

毒素分类	对家畜的危害	对家禽的危害
呕吐毒素	损害肠道、骨髓、脾脏，采食量降低，降低饲料转化率，容易遭到细菌的二次感染，呕吐、拒食	侵害消化道、腺胃及肠道病变，采食量下降、拒食，降低产蛋率
烟曲霉毒素	生长受阻，黄疸，肝组织损伤，慢性肝机能障碍，急性肺水肿，采食量下降，淋巴胚胎细胞的生殖受损，免疫抑制	急性肺水肿，肝障碍，采食量下降，免疫抑制

续表

毒素分类	对家畜的危害	对家禽的危害
黄曲霉毒素	生长迟缓、饲料利用率下降、黄疸、被毛粗糙、低蛋白血症、抑郁、厌食、急性肝病、肝癌、免疫抑制	法氏囊和胸腺萎缩，皮下出血，免疫反应差，抗体效价下降，对疾病抵抗力低，蛋变小、蛋黄重量降低，受精率、孵化率降低，胚胎死亡增加
玉米赤霉烯酮	雌激素作用亢进，发情不规则或不发情，后备母猪假发情，母猪阴唇、子宫扩大，受胎率降低、阴道炎、流产、死胎，产下仔猪外翻腿、阴唇红肿、脱肛、子宫脱出，公猪精液品质下降	卵巢萎缩，产蛋率下降，种蛋受精率下降
赭曲霉毒素	攻击肾脏、免疫系统及造血系统，肝脏变得脆弱，轻度肾脏病变，增重下降，剧渴，生长迟缓，氮质血症，多尿，下痢，糖尿症	抑制肾脏、免疫及造血系统，钙磷吸收不全、骨骼脆弱，蛋壳钙化不全、破蛋率高，皮下出血，容易挫伤
T-2毒素	侵害消化道—口部、胃及肠道病变，采食量减少，口腔、皮肤受刺激出现病灶，拒食，呕吐，神经失调，免疫抑制	产蛋率降低，羽毛生长不良，口腔溃疡，采食量下降、拒食，神经失调，抑制免疫力
桔霉素	侵害肾脏，造成肾脏病变，采食量下降，多尿，软粪，下痢	抑制肾脏，尿排泄量增加，软粪，下痢
麦角毒素	增重、采食量下降，繁殖率降低，缺乳，新生仔猪初生体重下降，暂时性或后驱麻痹、痉挛以及双肢、耳朵和尾部失血，导致坏疽	采食量下降，增重缓慢，饲料浪费

注：高剂量的霉菌毒素能直接造成畜禽生长不均、生产力表现差以及明显的临床症状，严重者导致畜禽死亡；低剂量的霉菌毒素可导致免疫抑制，引起疫苗后反应强、抗体效价下降、影响疫苗保护力、提高抗生素用量，间接造成成长不均匀以及引发其他疾病。

2. 饲料中有害细菌

饲料中的有害细菌主要包括沙门氏菌、大肠杆菌、肉毒梭菌、志贺杆菌等，各种细菌的污染程度因饲料种类不同而变化很大，以沙门氏菌的危害程度最大。饲料中细菌来自饲料产、储、运、销各环节的外界污染，如空气、土壤、水、电、尘埃、器物、人员等。饲料中细菌的危害有三个方面：一是含有致病性细菌如沙门氏菌、志贺菌、肉毒梭菌的饲料将使动物产生疾病；二是细菌的繁殖使某些饲料营养成分如脂肪、动物蛋白质产生腐败作用；三是非致病性细菌寄生于饲料中，消耗饲料中的养分，使饲料营养价值下降。通过选择优质原料、掌握正确的生产加工方法以及合理使用防腐抗腐抗氧化剂减少有害细菌的危害。

（五）虫害和鼠害

1. 虫害

饲料在贮藏过程中常受到虫害的侵蚀，造成营养成分的损失或毒素的产生。贮粮害虫主要有14种，其中危害谷类的有玉米象、谷象、米象、谷蠹和麦蛾5种蛀食性害虫，锯谷盗、赤拟谷盗、长角扁谷盗、大谷盗、印度谷蛾和腐嗜酪螨6种次食性害虫，以及绿豆象、豌豆象、蚕豆象3种豆类蛀食性害虫。它们不仅危害饲料，使其损失高达5%~10%，而且还以粪便、结网、身体脱落的皮屑、怪味及携带微生物等多种途径污染饲料，有些昆虫还能分泌毒素，给畜禽带来危害。

2. 鼠害

鼠的危害在于它们吃掉大量的饲料，同时污染饲料，对饲料厂包装物、电器设备及建筑物产生危害，引发动物和人类疾病的传播。鼠类啮吃饲料，破坏仓房，传染病菌，污染饲料，是危害较大的一类动物。

为避免虫害和鼠害，在贮藏饲料前，应彻底清除仓库内壁、夹缝及死角，堵塞墙角漏洞，并进行密封熏蒸处理，以减少虫害和鼠害。

三、生物技术

生物技术对饲料安全的危害主要包括转基因饲料的危害和益生菌的危害。

（一）转基因饲料的安全

转基因饲料是来源于转基因生物及其衍生产品的饲料。目前，国际上被批准商业化生产的转基因生物90%以上是转基因作物。当前所说的转基因饲料，实际上主要是指转基因植物性饲料，主要包括转基因玉米、转基因大豆、转基因棉花、转基因油菜和转基因马铃薯及其加工副产物。

转基因饲料与传统作物饲料相比，需要考虑关键营养成分是否发生改变；外源基因的安全性、稳定性以及产品的过敏性和毒理性。国内外的研究结果表明，转基因植物可能对机体肝、胰、肾或繁殖性能有影响，也可能改变血液、生化及免疫学参数。虽然到目前为止，用转基因植物饲养动物的组织和器官样品中还没有发现重组DNA的片段，但对动物机体产生的一些影响是不可置疑的。一般的饲料加工过程不能有效降解植物DNA，高温、高压和酸性条件的加工处理虽然有利于转基因植物DNA的降解，但也造成食物或饲料的营养物变性，丧失了营养价值。这些片段是否进入畜禽产品，对人类是否有危害，目前还不得而知，人们对转基因饲料的危害担心依然存在，需要进一步加强对转基因饲料的全面研究。

（二）益生菌

益生菌是一类对宿主有益的活性微生物，是定植于人体、动物体肠道、生殖系统内，从而改善宿主微生态平衡、发挥有益作用，能产生确切健康功效的活性微生物的总称。人体、动物体内有益的细菌或真菌主要有：酪酸梭菌、乳杆菌、双歧杆菌、放线菌、酵母菌等。目前世界上研究的功能最强大的产品主要是以上各类微生物组成的复合活性益生菌，其广泛应用于生物工程、工农业、食品安全以及生命健康领域。

乳酸菌被人们给予"安全"或"通常是安全的"的地位。乳酸菌可能引起的危险：

1. 致病性和感染性

一些乳酸菌可能会引起人体局部感染。国际微生物学会联合会通过临床资料解释和推断，乳杆菌及其相关微生物依然存在一定的危险性，但乳杆菌致病的可能性是极低的。微生物侵入一些患者脆弱部位，乳酸菌从而导致败血症副作用的潜在危险。乳杆菌可能感染某些患有免疫伤害的病人，某些链球菌会引起感染，还有某些双歧杆菌菌株会引起感染。

2. 代谢活性

对益生菌的要求就是其代谢过程中不产生有害的物质。某些菌株可导致胆盐过度代谢、药物不良代谢等额外副作用的潜在危险。

3. 血小板凝聚力

有细菌引起的血小板凝聚被认为是引发感染性内心肌炎的主要原因。不同菌株之间对血小板凝集活性差异非常大。部分菌株可产生降解人体内糖蛋白和阻碍人体内凝血纤维素原合成并引起其溶解的酶，表明具有潜在的浸染性，可能引起内心肌炎。

4. 抗药性

抗药性乳酸菌已不断被分离并引起广泛关注，尤其是对于肠球菌，已被证实具有多重抗药性。

另外，利用基因工程技术所产生的乳酸菌变异，其安全性还未得到广泛证实。

第五部分　饲料认识误区

　　目前，部分养殖户和养殖场以及消费者对饲料安全存在认识误区，直接或间接影响到畜禽生产、畜禽产品安全和环境安全。本部分介绍饲料选择误区、饲料使用误区和其他误区以及安全高效利用饲料，以便养殖户和养殖场以及消费者正确认识饲料及其产品。

一、饲料选择误区

（一）感官选择误区

1. 配合饲料颜色误区

　　配合饲料的颜色主要取决于饲料原料的颜色和饲料中添加的色素，如使用黄玉米和豆粕生产的玉米 - 豆粕型日粮，颜色为黄色。很多人认为黄色的饲料质量才好，这是受玉米豆粕型饲料配方以及部分饲料企业不正常的宣传，认为只有玉米和豆粕配制的饲料才是好饲料，实则不然。饲料中添加一定比例的鱼粉会使饲料颜色变深，其色泽不是黄色，但其饲料配方的质量比玉米豆粕日粮质量好。饲料的质量并不取决于饲料的颜色，而取决于原料品质和饲料配方各营养指标的合理性。一些厂家为了追求市场效应和满足用户对饲料颜色的需求，在饲料中添加增色剂, 改变饲料颜色, 这对畜禽的生长性能几乎没有什么影响, 反而增加了饲料成本。选择配合饲料不应只根据饲料颜色来判定其质量好坏, 要根据其原料组成、产品成分保证值和饲喂效果来确定。

2. 饲料气味误区

饲料的气味主要取决于饲料原料、饲料的加工方式和香味剂等。玉米 – 豆粕型日粮具有玉米豆粕型香味, 添加一定比例菜籽粕的饲料, 具有菜籽粕的气味, 添加达到一定比例鱼粉的饲料具有鱼腥味等, 添加有鱼腥香的饲料具有鱼腥味。一些购买饲料的养殖者认为具有鱼腥味的饲料就是好饲料。大量资料证明, 猪不喜欢腥味, 猪最喜欢的五种香味是奶香味、甘草味、柑橘味、香兰素味及巧克力味。一些厂家为谋利而加入劣质鱼粉或者香味剂而使饲料有浓烈的腥臭味, 而好的饲料有一股淡淡的腥香味 (腥香味一般是优质鱼粉特有的味道)。相反, 过量使用香味剂, 不但会增加饲料成本, 而且味道太浓, 反而降低食欲, 还会使猪产生疾病, 如味道太浓刺激猪的呼吸道, 还会引发喘气病。

(二) 饲料标签误区

大多数养殖者在购买饲料时, 一般不注意饲料标签, 实际上, 饲料标签包括了该产品的基本信息, 是选择饲料非常重要的依据。而购买者只关心粗蛋白质等信息, 忽视了其他信息, 影响饲料产品的选择。

1. 质量选择误区

饲料购买者主要关心产品成分分析保证值项目标示的粗蛋白含量, 不注重氨基酸含量和其他指标含量, 认为粗蛋白越高越好。粗蛋白是一种反映饲料中氮含量的指标, 是通过测量饲料中氮的总含量再折算出蛋白质总含量。粗蛋白包括真蛋白、游离氨基酸和非蛋白氮。对猪、鸡来说，不能利用非蛋白氮，有营养价值的是可消化氨基酸的含量和各种氨基酸的比例才是最重要的。适宜的可消化氨基酸含量对畜禽生长有益，过高会影响畜禽蛋白质的合成，造成蛋白质的浪费和增加机体的损伤，如仔猪饲料蛋白质过高会导致拉稀，过低会影响其生长性能和经济效益。一些非法经营者，片面宣传蛋白质含量越高越好，误导消费者，利用养殖者对饲料认识的不足，往往在饲料中非法添加某些含氮高的物质，以提高饲料中粗蛋白的含量，达到其赚钱的目的。饲料质量指标，无论是浓缩饲料、配合饲料、添加剂预混料、精料补充料都应综合考虑产品成分分析保证值等标示，不应只注重蛋白质的含量。

2. 保质期误区

饲料购买者经常忽略产品保质期，认为保质期不重要。其实饲料存放时间越长，质量损失越大，从而影响产品质量和养殖经济效益。饲料购买者一定注意购买在产品保质期内的产品，越新鲜的越好。

（三）价格误区

中小畜禽养殖场（户）在购买饲料时常常只考虑价格因素，往往只选购价格便宜的饲料，认为价格越便宜的饲料养殖成本就越低。在畜禽生产成本中饲料成本占 70% 左右，因此，如何选购合适价格的饲料，是提高畜禽养殖经济效益的关键因素之一。而评价一种饲料质量的好坏，在畜禽生产实际中，主要取决于饲料使用后畜禽的料肉比和饲料价格。因此，饲料价格的高低，并不是衡量养殖成本高低的唯一因素。日增重大，料肉比低，所消耗的饲料成本低，饲养周期缩短，劳动强度降低，则养殖效益就高，反之，养殖经济效益则低。畜禽生产者最好通过养殖实验，确定购买合适价格的饲料，才能提高养殖经济效益。

二、饲料使用误区

（一）不按照饲料标签要求使用饲料

1. 不按照使用说明使用

不按照使用阶段使用饲料，如仔猪饲料当生长猪和肥育猪饲料使用；不同种类的饲料乱用，如猪饲料用作鸡饲料，猪的预混料配制鸡饲料；浓缩饲料、复合预混合饲料不按照推荐配方进行饲料配制，随意加大或者减少其用量；配合饲料当浓缩料使用等现象时有发生。

2. 不按照贮存条件及方法贮藏饲料

养殖者购买的饲料随意堆放，不注意防潮、防晒，导致饲料产品霉变、有效成分损失，影响产品质量。

3. 未按照休药期进行休药

养殖场（户）基本不注意或忽略饲料中药物添加剂的停药期。如果肥育阶段饲料中添加了具有休药期的药物添加剂，而不进行休药，直接出售，影响畜产品质量安全。

饲料的使用应严格按照饲料标签使用说明使用，以保证饲料使用的安全和畜禽产品的安全。

（二）饲料产品更换的过渡期

不同畜禽、不同阶段应使用相对应的饲料品种，保障饲料安全和提高养殖效益。对同一企业生产的同品种的饲料，部分养殖者对不同生长阶段的饲料基本不按照要求进行过渡，直接从一种饲料调换到另一种饲料；不同品种的饲料过渡，部分养殖者也不会逐渐过渡饲料，这种操作直接影响畜禽的生长。畜禽饲料的过渡期应该达到 5 ~ 7d。

（三）使用结果判定

1. 异食癖误区

如果畜禽出现异食癖，养殖者片面认为是饲料的问题，如仔猪的咬尾咬耳、禽啄羽、肉牛舔毛等。异食癖与饲料质量、饲养环境、饲养密度、饮水不足和食槽不够等多种因素有关，应综合考虑，具体分析，有利于解决异食癖问题。

2. 皮红毛亮的饲料是好饲料的误区

对猪饲料而言，养殖者喜欢猪皮红、毛亮，认为能让生猪皮光、毛亮的饲料就是好饲料，这种观点不全面。好饲料使猪只生长良好，皮毛好看；但能让猪只皮红、毛亮的饲料不一定是好饲料。在饲料中添加高铜、高锌和过量的砷均能使猪只皮红、毛亮，这不但对畜产品质量和环境有危害，同时也浪费饲料资源。一些不法商家，片面追求猪只皮红、毛亮，在饲料中添加这些物质，导致在产品中残留以及污染环境，且浪费资源，给人类和社会带来危害。猪只皮红、毛亮受环境、管理、疾病和饲料等因素的影响。

3. 粪便颜色越黑越好的判定误区

许多养猪户认为，猪粪便越黑，说明猪对饲料的消化吸收率越高，饲料的质量越好；粪便越黄，对饲料的消化吸收率越低，饲料的质量则不好。部分饲料厂片面宣传粪便颜色以迎合养殖者，造成粪便越黑越好的误区。其实，这种观点是不科学的，衡量饲料消化吸收率高低的标准不在于粪便的颜色，而在于饲料的转化率。饲料转化率越高，饲料就好。在猪饲料中添加了高铜、腐殖酸钠或其他颜色较深的原料，让粪便表现为黑色。猪粪便颜色与饲料配方组成关系密切。从配方学的角度来讲，高铜对仔猪有一定促生长作用，但生长育肥猪添加量过高无益。

研究表明，饲料中 90% 的铜将随粪便排泄，这种排泄物将严重污染环境。

4. 能让猪只嗜睡的认识误区

很多养殖户认为，能让猪只嗜睡的饲料就是好饲料。于是，不法厂家和个别养殖户在饲料中添加国家严禁的镇静剂等药物，让猪只嗜睡。当然，猪只肯吃、营养平衡、口感好、未非法添加违禁物质的饲料，且让猪只安静的饲料是好饲料。如果饲养密度过高、环境温度不适、疾病、饲料配比不科学，或猪营养摄取不够或不平衡，均会使猪兴奋、不安。但为使猪嗜睡而采用添加催眠药物是违法的，严禁非法在饲料中添加让猪嗜睡的物质。

5. 拉稀的认识误区

当畜禽拉稀时，很多养殖户认为是饲料原因，这种认识是片面的。饲料质量变质、营养不平衡等因素会导致畜禽拉稀，但畜禽拉稀不一定是饲料的原因，引起畜禽拉稀的原因主要有饲养管理、疾病、饲料和环境等因素。

三、其他误区

（一）天然饲料就是安全饲料的认识误区

消费者常常认为畜禽产品的安全问题都是由配合饲料引起的，使用天然饲料就会生产安全畜产品。但人们常常忽略天然饲料存在不安全因素，天然饲料同样存在安全隐患，同样影响畜禽健康和畜禽产品安全。一是天然饲料本身含有有毒有害物质，喂量过大或长期饲喂会引起动物中毒和畜产品残留。如棉籽饼中含有棉酚，菜籽饼粕中含有硫葡萄糖苷、芥子碱、芥酸等有毒有害物质。这些有毒有害物质及其代谢物既对畜禽有害，同时还会残留到畜禽产品中。青饲料含硝酸盐高，当加工贮藏不当时，硝酸盐会还原成亚硝酸盐而引起动物中毒或在畜禽产品中残留。二是不少天然饲料中可能含有较高的农药残留。目前生产和使用的农药品种多，年产量大，处处使用农药，特别是不按用药规程使用杀虫剂、除草剂和杀菌剂等，极易造成天然农作物籽实、根、茎或叶中农药的大量残留。其中，在作物外皮、外壳及根茎部的农药残留量远比可食部分高，而这些部分作为副产品又是畜禽饲料的主要来源之一。使用这些饲料饲喂动物，畜禽产品中可能会出现农药残留。三是霉菌和霉菌毒素污染，影响畜禽产品安全。据统计，全世界每年约有25%的农作物被霉菌污染。受到霉菌浸染的饲料，不仅降低了营养价值，而且产生的霉菌毒素可能导致畜禽急、慢性霉菌毒素中毒并在畜禽产品中残留。另外，天然饲料中重金属含量可能超标。饲料中重金属与土壤地质特点有关，天然石粉或磷矿粉中氟和重金属含量很高，不能直接用作饲料。饲料中如果重金属超标，不仅会影响畜禽生产性能，还会影响畜禽产品质量安全。

（二）农家自然养殖的认识误区

目前，大多数消费者认为，使用配合饲料生产的肉、蛋、奶等产品都是不安全的，而来自农家的、按传统养殖方式、没有使用配合饲料所生产的肉、蛋、奶才是安全的。这种认识带有片面性，是不正确的。农家自然养殖很难保证所生产的畜禽产品绝对安全。首先，农家饲料相对不安全，农家饲料主要是蔬菜、青草、树叶、米糠、麦麸、酒糟、薯类、玉米和其他农副产品以及残羹剩饭，可能存在农药残留、天然有毒有害物质、霉菌毒素、寄生虫、氧化酸败和重金属等不安全因素。动物吃了这些饲料后，其生产的肉、蛋、奶产品不一定完全符合食品卫生安全标准。二是农户养殖的环境普遍较差，疫病预防体系也不够健全。

动物发病几率较高，发病后治疗用药很难规范，导致畜禽产品中药物残留。三是农家畜禽产品安全意识淡薄，通过调查发现，农户畜禽安全养殖意识薄弱，对畜禽安全养殖和畜禽产品安全知识缺乏，即使部分农户关心养殖安全，也是片面认识畜禽安全养殖和畜禽产品安全，个别农户甚至将病死畜禽的肉作为食用。

（三）配合饲料生产的畜禽产品不安全的认识误区

近些年，国内外相继发生了一系列与饲料有关的畜禽产品安全事件，在媒体的宣传助染下，公众误认为配合饲料生产的畜禽产品不安全。于是出现"配合饲料有毒""用配合饲料生产的肉、蛋、奶不能吃"等错误说法。

畜禽产品安全受多种因素影响，饲料确实是影响畜禽产品安全的重要因素，但不是唯一因素。动物的饲养环境、疫病预防与治疗、饲养管理、动物屠宰过程、肉品加工与贮藏、食品烹调方法等都会影响畜禽产品的食用安全。如人兽共患传染病和寄生虫病对畜禽产品的污染、滥用药物、不按照休药期休药、动物屠宰过程中的微生物污染、畜产品加工过程中滥用食品添加剂、畜产品贮藏过程中出现腐败变质、烹调过程中产生的有毒物质或被污染等都会严重威胁畜产品的食用安全。因此，片面认为配合饲料生产的畜禽产品不安全是错误的，更不能将畜禽产品食用安全全部归于配合饲料而忽略其他环节，全面认识畜禽产品安全有利于有效解决畜禽产品安全问题。

配合饲料是现代动物营养学和饲料科学发展成果的体现。与单一饲料和简单饲料搭配相比，使用配合饲料可以改善动物生产性能和饲料利用效率，极大地提高畜禽产品数量，满足大众消费的需要。配合饲料的使用促进了畜牧业的发展，为满足人们对优质动物性食品的需要做出了巨大贡献。不能因目前存在的一些饲料安全问题而否定配合饲料的作用。事实上，只要严格执行配合饲料的生产和使用规范，就能确保饲料的质量和安全。目前存在的问题是极少数企业或养殖场（户）没有按要求组织生产和合理使用配合饲料的结果，如使用的原料不符合标准、生产工艺不符合要求、添加剂使用不合理、药物的用法用量和停药期违反用药规定、饲料贮藏保管不当以及饲喂使用不当等。只要解决好以上的问题，加强饲料质量安全监管，合理生产和正确使用配合饲料，配合饲料的安全性就有保障，也是解决畜禽产品安全问题的根本途径。

四、安全高效利用饲料

（一）安全加工饲料

1. 清除饲料杂质

饲料中的杂质不容忽视，它不仅会对饲料的生产设备造成损害，而且还会造成饲料产品质量的不稳定，严重的甚至危及畜禽的生命安全等。饲料中铁钉、玻璃等杂质被畜禽采食后，很有可能刺伤消化道，危及畜禽生命；饲料原料中混入金属、石头和塑料等杂质，会给后续的生产加工工艺带来危害；饲料中夹带的大量有害微生物，会造成产品储存期缩短，影响产品的货架寿命和外观色泽。因此，在饲料生产中，通过筛选和磁选清除饲料杂质，减少饲料杂质的危害，提高饲料质量。

2. 降低饲料中天然有毒有害物质

饲料中天然的有毒有害物质种类多，特性各不相同，可通过物理加工、化学处理和生物技术处理，降低其有毒有害物质。饲料物理加工主要包括粉碎、去壳、浸泡、制粒、膨化和热处理等方法。化学处理根据不同的抗营养因子，采用不同的化学方法，如菜籽粕中的硫葡萄糖甙可用硫酸亚铁和氨水进行脱毒，棉酚可用铁离子、钙离子和尿素等去毒。使用酶制剂、微生物发酵等生物技术处理可降低抗营养因子的含量，提高饲料利用率。

3. 防止加工过程中产生的污染

在饲料加工过程中防止抗生素、重金属、三聚氰胺以及二噁英等污染，预防加工过程中产生有毒有害物质以及饲料交叉污染。

4. 杀灭或降低饲料中的有害微生物

使用辐照处理、蒸汽高温处理和化学处理等方法杀灭或降低饲料中的有害微生物。

（二）合理选择饲料

1. 选用与饲养对象相对应的饲料

饲养猪、鸡、牛、羊、兔的养殖户（场），分别对应选用猪饲料、鸡饲料、牛饲料、羊饲料、兔饲料，不能交叉选择。不同品种的畜禽生理机能不同，生长所需要的营养成分也不同，如果选用一种畜禽品种饲料饲喂另一畜禽品种，不但不能发挥出饲料的应有效果，还会浪费饲料，增加了饲料成本，严重者会出现畜禽中毒，危害畜禽健康。

选用与畜禽生长阶段相一致饲料品种。如仔猪阶段使用仔猪饲料、肥育阶段使用肥育阶段饲料、产奶阶段使用产奶阶段的饲料。有的养殖户（场）为了加快肥育猪的生长速度，选用仔猪饲料来饲喂育肥猪，这样做是不对的，因为不同生长阶段的生猪对各种营养物质的需要量也不同，饲料配方的制定也不同，肥育猪摄入过量的蛋白质，浪费饲料资源，增加养殖成本；一般仔猪饲料中含有多种药物添加剂、高铜等物质，会影响猪肉等产品安全。

2. 选用适合的饲料产品

结合自身实际，选择适合养殖场（户）理想的饲料。建议幼畜禽选用配合饲料，生长肥育畜禽、泌乳、妊娠畜禽可选用配合饲料，也可选用浓缩料或精料补充料或复合预混料配成配合饲料后饲喂。

3. 选择理想的饲料原料

养殖场（户）如果使用自配料，建议使用复合预混料、浓缩料与大宗原料配成配合饲料。购买饲料原料应符合其相应质量标准，严禁采购霉变、掺假原料和次品饲料原料，主要饲料原料的质量标准见本书第二部分相关内容。

4. 通过"一闻""四看""四有"选择饲料

一闻：闻气味，好的饲料，气味纯正。

四看：一看标签内容是否全面；二看饲料颜色，优质饲料颜色一致，劣质饲料颜色差异大；三看饲料均匀度，优质饲料混合均匀，而劣质饲料不同袋装中均匀度不一样；四看是否有霉变、结块，不能购买霉变结块的饲料。

四有：有注册商标，有产品合格证，有产品标签，有产品说明书。其中产品标签应包含卫生要求、产品名称、产品成分分析保证值、原料组成、产品标准编号、使用说明、净含量、生产日期、保质期、贮存条件及方法、行政许可证明文件编号、生产者、经营者的名称和地址以及其他等十三项基本内容，具体要求内容见附录二。

5. 勤购饲料，防止发霉

部分养殖户（场）为避免麻烦，一次买入大量饲料，导致饲料存放时间过长，造成饲料发霉变质，降低饲料价值，危害畜禽健康。养殖户（场）购买饲料时，要根据畜禽的饲养量，做好计划，缩短保存时间，防止饲料发霉变质，购入的饲料应在尽量短的时间内用完。

6. 开展饲喂对比试验，确定饲料品种

畜禽饲喂试验是确定购买何种饲料产品最直接、最有效的方法。通过选用不同饲料产品，开展饲喂试验，分析其畜禽生产性能和经济效益等指标，然后确定购买理想的饲料产品。

（三）安全贮存饲料

饲料贮存不当，会降低饲料的营养价值，影响饲料利用率。合理贮存饲料，是有效保证饲料质量的重要措施之一。

1. 饲料贮存损害的原因

造成饲料贮存损失的原因主要有以下几种：一是微生物的繁殖，发生饲料霉变，产生毒素，导致养分分解，营养价值下降，有毒有害物质增多，严重者甚至失去饲用价值；二是饲料本身酶活动，消耗饲料养分，造成营养价值下降；三是由于昆虫或鼠类影响，减少饲料数量和破坏饲料。

2. 饲料贮存方法

所有饲料均应放在遮雨避雪、防阳光直晒、通风干燥、低温的地方，以防霉变，同时还应注意防虫、防鼠、防鸟。所有饲料均应在保质期内尽快用完。谷实类饲料将水分充分干燥到14%以下再贮存，秸秆牧草类饲料干燥后贮存，新鲜青绿饲料最好使用青贮保存，也可采用切短后干燥贮存。

（四）正确使用饲料

1. 按照饲料标签使用说明使用饲料

为保障饲料安全高效利用，应严格按照饲料标签的使用说明和注意事项使用饲料，尤其注意三点：第一严禁饲料品种间交叉使用，如猪饲料用作鸡饲料，猪饲料用作牛饲料等错误用法；第二是相应阶段的饲料饲喂对应阶段的畜禽，如仔猪阶段使用仔猪饲料，严禁仔猪阶段饲料饲喂肥育阶段的猪只；第三

是严格遵守休药期，如果肥育阶段饲料中添加药物饲料添加剂且有休药期，应按照规定执行休药期，保证畜禽产品质量安全。

2. 合理使用农家饲料

农村畜禽散养者、适度规模养殖场、养殖大户等应合理使用农家饲料。首先，对于幼畜禽应使用配合饲料，农家饲养的仔猪、仔鸡、仔鸭使用配合饲料饲喂，保证提供全面的营养，促进幼畜禽健康生长。其次应合理处理农家饲料，对农家豆类、霉变玉米、霉变糠麸、棉粕和菜粕以及薯类进行分类处理后方可用作饲料原料。第三是合理搭配农家饲料，养殖者如购买浓缩饲料、精料补充料和复合预混料等产品，结合农家饲料原料，根据说明配制配合饲料；对于不购买商业饲料产品，要合理配制自有能量蛋白饲料，尽量避免单一饲料或单一种类饲料作为畜禽的唯一饲料来源。

3. 使用浓缩饲料不需再添加其他添加剂

浓缩料已添加了微量元素、维生素、氨基酸等添加剂，使用时不需要额外添加。但有些养殖户（场）不放心，又随意添加某些添加剂，尤其是药物饲料添加剂和蛋白类饲料，不仅增加成本，还会使营养失衡，饲料报酬降低，危害畜禽健康，甚至影响畜禽产品安全。

4. 不要频繁更换饲料

过于频繁的更换饲料会改变畜禽的适应性，易引起应激反应，影响生产性能。养殖户（场）选择了某种饲料，做到合理饲喂，一般没有必要频繁更换其他品种的饲料。如因特殊情况，确实需要换料的话，也应做到循序渐进，逐渐增加新料，同时逐渐减少旧料，5～7d过渡为宜，切忌突然换料。

5. 合理配制饲料

如果养殖者自购饲料原料配制饲料，应选择合格的饲料原料，请参照本书第二部分饲料原料质量进行采购，选用的饲料原料应符合相应的质量规范，严禁使用变质、掺假的饲料。购回的浓缩饲料和复合预混料，应严格按照标签上的比例配料，不要随意改动，添加量过多过少都会影响饲喂效果和饲料安全。自配料一次不能配制太多，每次以使用不超过一周为好。

第六部分　饲料安全法律法规

　　饲料安全离不开监管，监管的依据是饲料安全法律法规和标准。本部分简要介绍饲料安全法律法规和饲料标准，提供了饲料安全法律法规名称。

一、饲料安全法律法规和文件

　　饲料安全法律法规是保障饲料安全监管政策实施的基础。我国现行饲料法规体系包括国家法律、国务院行政法规、国家强制标准（见饲料标准部分）、农业部部令公告、与饲料执法有关的其他国家机关和国务院部门公告、地方性法规或规章，其中以国务院颁布的《饲料和饲料添加剂管理条例》为核心，农业部颁布的一系列部令公告构成了我国饲料法规体系的主体框架，初步形成了相关管理规定、标准和规范性文件为辅助，地方性管理规定为补充的较为完善的饲料行政法规体系。表30列出我国饲料法律法规、规范性文件名称、发布部门和时间，为需要者提供查询指南。

表 30　饲料法律法规和规范性文件

序号	法规名称	发布部门	发布时间
1	饲料和饲料添加剂管理条例	国务院	2011 年 609 号令
2	饲料和饲料添加剂生产许可管理办法	农业部	2012 年 3 号令
3	新饲料和新饲料添加剂管理办法	农业部	2012 年 4 号令
4	饲料添加剂和预混合饲料产品批准文号管理办法	农业部	2012 年 5 号令
5	饲料质量安全管理规范	农业部	2014 年 1 号令
6	进口饲料和饲料添加剂登记注册管理办法	农业部	2014 年 2 号令
8	饲料药物添加剂使用规范	农业部	2001 年 168 号公告
9	饲料药物添加剂使用规范补充说明	农业部	2002 年 220 号公告
10	禁止在饲料和动物饮用水中使用的药物品种目录	农业部、卫生部、药监局	2002 年 176 号公告
11	食品动物禁用的兽药及其化合物清单	农业部	2002 年 193 号公告
12	农产品投入品等物质使用规定	农业部	2007 年 806 号公告
13	禁止在饲料中人为添加三聚氰胺	农业部	2009 年 1218 号公告
14	饲料添加剂安全使用规范	农业部	2009 年 1224 号公告
15	禁止在饲料和动物饮水中使用的物质	农业部	2010 年 1519 号公告
16	饲料原料目录	农业部	2012 年 1773 号公告
17	饲料原料目录修订	农业部	2013 年 2038 号公告
13	饲料生产企业许可条件	农业部	2012 年 1849 号公告
18	混合型饲料添加剂生产企业许可条件 饲料生产企业许可条件和混合型饲料添加剂生产企业许可条件	农业部	2012 年 1849 号公告

续表

序号	法规名称	发布部门	发布时间
19	饲料和饲料添加剂生产许可申报材料要求 饲料添加剂生产许可申报材料要求 混合型饲料添加剂生产许可申报材料要求 添加剂预混合饲料生产许可申报材料要求 浓缩饲料、配合饲料、精料补充料生产许可申报材料要求 单一饲料生产许可申报材料要求	农业部	2012 年 1867 号公告
20	饲料和饲料添加剂生产许可证年度备案表和饲料和饲料添加剂委托生产备案表	农业部	2013 年 1954 号公告
21	关于加强进口鱼粉产品质量安全监管的公告	农业部	2013 年 1935 号公告
22	饲料添加剂品种目录	农业部	2013 年 2045 号公告
23	饲料添加剂品种目录增补	农业部	2014 年 2134 号公告
24	进口饲料和饲料添加剂及新饲料申报材料要求 进口饲料和饲料添加剂登记申请材料要求 进口饲料和饲料添加剂续展登记申请材料要求 进口饲料和饲料添加剂变更登记申请材料要求 新饲料添加剂申报材料要求	农业部	2014 年 2109 号公告
25	国务院关于发布实施促进产业结构调整暂行规定的决定	国务院	2005 年 12 月 2 日

续表

序号	法规名称	发布部门	发布时间
26	产业结构调整指导目录（2011 年版本）	国家发展与改革委员会	2011 年 9 号令
27	农业部办公厅关于办理饲料和饲料添加剂产品自由销售证明的通知	农业部办公厅	农办牧 [2004]64 号
28	农业部办公厅关于贯彻落实饲料行业管理新规推行饲料行政许可的通知	农业部办公厅	农办牧 [2012]46 号
29	农业部办公厅关于饲料添加剂和添加剂预混合饲料生产企业审批下放工作的通知	农业部办公厅	农办牧 [2013]38 号
30	国务院关于取消和下放一批行政审批项目的决定	国务院	国发〔2013〕44 号
31	农业部办公厅关于贯彻落实国务院关于取消和下放一批行政审批项目的决定的通知	农业部办公厅	农办办 [2013]50 号
32	关于饲料产品免征增值税问题的通知	财政部 国家税务总局	财税 [2001]121 号
33	国家税务总局关于饲料级磷酸二氢钙产品增值税政策问题的通知	国家税务总局	国税函 [2007]10 号
34	关于豆粕等粕类产品免征增值税政策的通知	财政部 国家税务总局	财税 [2001]30 号
35	国家税务总局关于饲用鱼油产品免征增值税的批复	国家税务总局	国税函 [2003]1395 号
36	财政部 国家税务总局关于发布享受企业所得税优惠政策的农产品初加工范围（试行）的通知	财政部 国家税务总局	财税 [2008]149 号

续表

序号	法规名称	发布部门	发布时间
37	财政部 国家税务总局关于黑大豆出口免征增值税的通知	财政部 国家税务总局	财税 [2008]154 号
38	财政部 国家税务总局关于免征饲料进口环节增值税的通知	财政部 国家税务总局	[2001]82 号
39	关于发布食品动物禁用的兽药及其化合物清单的通知	农业部	2002 年 193 号公告
40	关于进口鱼粉管理规定	农办牧	[2004]64 号
41	国家税务总局关于"公司＋农户"经营模式企业所得税优惠问题的通知	国家税务总局	2010 年 2 号公告
42	国家税务总局关于部分饲料产品免征增值税政策问题的批复	国家税务总局	国税函 [2010]324 号
43	国家税务总局关于宠物饲料征收增值税问题的批复	国家税务总局	国税函 [2002]812 号
44	国家税务总局关于精料补充料免征增值税问题的公告	国家税务总局	2013 年 46 号公告
45	国家税务总局关于矿物质微量元素舔砖免征增值税的批复	国家税务总局	国税函 [2005]1127 号
46	国家税务总局关于粕类产品免征增值税问题的通知	国家税务总局	国税函 [2010]75 号
47	国家税务总局关于取消饲料产品免征增值税审批程序后加强后续管理的通知	国家税务总局	国税函 [2004]884 号
48	国家税务总局关于调整饲料生产企业饲料免征增值税审批程序的通知	国家税务总局	国税发 [2003]114 号
49	国家税务总局关于修订"饲料"注释及加强饲料征免增值税管理问题的通知	国家税务总局	国税发 [1999]39 号

续表

序号	法规名称	发布部门	发布时间
50	国务院关税税则委员会关于实施中国－秘鲁自由贸易协定税率的通知（含秘鲁鱼粉进口）	国务院关税税则委员会	税委会[2010]4号
51	海关总署关于明确进口饲料添加剂归类的通知	海关总署	[2000]374号
52	加强进口鱼粉产品质量安全监管的若干规定	农业部	2013年1935号公告
53	禁止在饲料和动物饮水中使用的物质名单	农业部	2010年1519号公告
54	禁止在饲料和动物饮水中使用的药物品种目录	农业部 卫生部 国家药品监督管理局	2002年176号公告
55	农业部办公厅关于饲料和饲料添加剂生产许可证核发范围和标示方法的通知	农办牧	[2012]42号
56	饲料和饲料添加剂生产许可管理办法修订	农业部	2013年5号令
57	饲料添加剂和添加剂预混合饲料产品批准文号管理办法	农业部	2012年5号令
58	饲料原料和饲料产品中三聚氰胺限量值得规定	农业部	2009年1218号公告
59	饲料原料目录修订意见的通知	农业部办公厅	农办牧[2013]11号
60	最高人民法院 最高人民检察院关于办理非法生产、销售、使用禁止在饲料和饮水中使用的药品等刑事案件具体应用法律若干问题的解释	最高人民法院 最高人民检察院	[2002]26号

续表

序号	法规名称	发布部门	发布时间
61	最高人民法院 最高人民检察院关于办理危害食品安全刑事案件使用法律若干问题的解释	最高人民法院 最高人民检察院	[2013]12号
62	进出口饲料和饲料添加剂检验检疫监督管理办法	国家质检总局	2009年第118号令

二、饲料标准

我国的饲料工业经过30多年的发展，已形成了一个比较完整的饲料工业标准体系。截至2016年5月，我国已发布有关饲料的国家标准和行业标准600余项，涉及安全限量标准、饲料原料、饲料添加剂、饲料产品、检测方法、饲料机械以及通用性、基础性标准和相关标准等各个方面。详细标准编号、年份和标准名称见附录六。这些标准的发布实施，对于提高饲料产品质量、保证饲料安全、畜禽产品安全以及保障人体健康和环境安全起到了积极的作用。

附 录

附录一 饲料卫生标准
（GB 10378—2017）

1 范围

本标准规定了饲料原料和饲料产品中的有毒有害物质及微生物的限量及试验方法。

本标准适用于表 1 中所列的饲料原料和饲料产品。

本标准不适用于宠物饲料产品和饲料添加剂产品。

2 规范性引用文件

下列文件对于本文件的应用是必不可少的。凡是注日期的引用文件，仅注日期的版本适用于本文件。凡是不注日期的引用文件，其最新版本（包括所有的修改单）适用于本文件。

GB/T 5009.19 食品中有机氯农药多组分残留量的测定

GB 5009.190 食品安全国家标准 食品中指示性多氯联苯含量的测定

GB/T 13079 饲料中总砷的测定

GB/T 13080 饲料中铅的测定 原子吸收光谱法

GB/T 13081 饲料中汞的测定

GB/T 13082 饲料中镉的测定方法

GB/T 13083 饲料中氟的测定 离子选择性电极法

GB/T 13084 饲料中氰化物的测定

GB/T 13085 饲料中亚硝酸盐的测定 比色法

GB/T 13086 饲料中游离棉酚的测定方法

GB/T 13087 饲料中异硫氰酸酯的测定方法

GB/T 13088—2006 饲料中铬的测定

GB/T 13089 饲料中噁唑烷硫酮的测定方法

GB/T 13090 饲料中六六六、滴滴涕的测定

GB/T 13091 饲料中沙门氏菌的检测方法

GB/T 13092 饲料中霉菌总数的测定

GB/T 13093 饲料中细菌总数的测定

GB/T 30956 饲料中脱氧雪腐镰刀菌烯醇的测定 免疫亲和柱净化 – 高效液相色谱法

GB/T 30957 饲料中赭曲霉毒素 A 的测定 免疫亲和柱净化 – 高效液相色谱法

NY/T 1970 饲料中伏马毒素的测定

NY/T 2071 饲料中黄曲霉毒素、玉米赤霉烯酮和 T–2 毒素的测定 液相色谱 – 串联质谱法

SN/T 0127 进出口动物源性食品中六六六、滴滴涕和六氯苯残留量的检测方法 气相色谱 – 质谱法

3 要求

饲料卫生指标及试验方法见表 1。

表1 饲料卫生指标及试验方法

序号	项目	产品名称		限量	试验方法
		无机污染物			
1	总砷 (mg/kg)	饲料原料	干草及其加工产品	≤ 4	GB/T 13079
			棕榈仁饼(粕)	≤ 4	
			藻类及其加工产品	≤ 40	
			甲壳类动物及其副产品(虾油除外)、鱼虾粉、水生软体动物及其副产品(油脂除外)	≤ 15	
			其他水生动物源性饲料原料(不含水生动物油脂)	≤ 10	
			肉粉、肉骨粉	≤ 10	
			石粉	≤ 2	
			其他矿物质饲料原料	≤ 10	
			油脂	≤ 7	
			其他饲料原料	≤ 2	
		饲料产品	添加剂预混合饲料	≤ 10	
			浓缩饲料	≤ 4	
			精料补充料	≤ 4	
			水产配合饲料	≤ 10	
			狐狸、貉、貂配合饲料	≤ 10	
			其他配合饲料	≤ 2	
2	铅 (mg/kg)	饲料原料	单细胞蛋白饲料原料	≤ 5	GB/T 13080
			矿物质饲料原料	≤ 15	
			饲草、粗饲料及其加工产品	≤ 30	
			其他饲料原料	≤ 10	
		饲料产品	添加剂预混合饲料	≤ 40	
			浓缩饲料	≤ 10	
			精料补充料	≤ 8	
			配合饲料	≤ 5	

续表

序号	项目	产品名称		限量	试验方法
3	汞 (mg/ kg)	饲料原料	鱼、其他水生生物及其副产品饲料原料	≤ 0.5	GB/T 13081
			其他饲料原料	≤ 0.1	
		饲料产品	水产配合饲料	≤ 0.5	
			其他配合饲料	≤ 0.1	
4	镉 (mg/ kg)	饲料原料	藻类及其加工产品	≤ 2	GB/T 13082
			植物性饲料原料	≤ 1	
			水生软体动物及其副产品	≤ 75	
			其他动物源性饲料原料	≤ 2	
			石粉	≤ 0.75	
			其他矿物质饲料原料	≤ 2	
		饲料产品	添加剂预混合饲料	≤ 5	
			浓缩饲料	≤ 1.25	
			犊牛、羔羊精料补充料	≤ 0.5	
			其他精料补充料	≤ 1	
			虾、蟹、海参、贝类配合饲料	≤ 2	
			水产配合饲料（虾、蟹、海参、贝类配合饲料除外）	≤ 1	
			其他配合饲料	≤ 0.5	
5	铬 (mg/ kg)	饲料原料		≤ 5	GB/T 13088–2006(原子吸收光谱法)
		饲料产品	猪用添加剂预混合饲料	≤ 20	
			其他添加剂预混合饲料	≤ 5	
			猪用浓缩饲料	≤ 6	
			其他浓缩饲料	≤ 5	
			配合饲料	≤ 5	

续表

序号	项目		产品名称	限量	试验方法
6	氟（mg/kg）	饲料原料	甲壳类动物及其副产品	≤ 3 000	GB/T 13083
			其他动物源性饲料原料	≤ 500	
			蛭石	≤ 3 000	
			其他矿物质饲料原料	≤ 400	
			其他饲料原料	≤ 150	
		饲料产品	添加剂预混合饲料	≤ 800	
			浓缩饲料	≤ 500	
			牛、羊精料补充料	≤ 50	
			猪配合饲料	≤ 100	
			肉用仔鸡、育雏鸡、育成鸡配合饲料	≤ 250	
			产蛋鸡配合饲料	≤ 350	
			鸭配合饲料	≤ 200	
			水产配合饲料	≤ 350	
			其他配合饲料	≤ 150	
7	亚硝酸盐（以NaNO₂计）（mg/kg）	饲料原料	火腿肠粉等肉制品生产过程中获得的前食品和副产品	≤ 80	GB/T 13085
			其他饲料原料	≤ 15	
		饲料产品	浓缩饲料	≤ 20	
			精料补充料	≤ 20	
			配合饲料	≤ 15	

真菌毒素

续表

序号	项目	产品名称		限量	试验方法
8	黄曲霉毒素 B$_1$ (μg/kg)	饲料原料	玉米加工产品、花生饼（粕）	≤ 50	NY/T 2071
			植物油脂（玉米油、花生油除外）	≤ 10	
			玉米油、花生油	≤ 20	
			其他植物性饲料原料	≤ 30	
		饲料产品	仔猪、雏禽浓缩饲料	≤ 10	
			肉用仔鸭后期、生长鸭、产蛋鸭浓缩饲料	≤ 15	
			其他浓缩饲料	≤ 20	
			犊牛、羔羊精料补充料	≤ 20	
			泌乳期精料补充料	≤ 10	
			其他精料补充料	≤ 30	
			仔猪、雏禽配合饲料	≤ 10	
			肉用仔鸭后期、生长鸭、产蛋鸭配合饲料	≤ 15	
			其他配合饲料	≤ 20	
9	赭曲霉毒素 A (μg/kg)	饲料原料	谷物及其加工产品	≤ 100	GB/T 30957
		饲料产品	配合饲料	≤ 100	
10	玉米赤霉烯酮 (mg/kg)	饲料原料	玉米及其加工产品（玉米皮、喷浆玉米皮、玉米浆干粉除外）	≤ 0.5	NY/T 2071
			玉米皮、喷浆玉米皮、玉米浆干粉、玉米酒糟类产品	≤ 1.5	
			其他植物性饲料原料	≤ 1	
		饲料产品	犊牛、羔羊、泌乳期精料补充料	≤ 0.5	
			仔猪配合饲料	≤ 0.15	
			青年母猪配合饲料	≤ 0.1	
			其他猪配合饲料	≤ 0.25	
			其他配合饲料	≤ 0.5	

续表

序号	项目		产品名称	限量	试验方法
11	脱氧雪腐镰刀菌烯醇（呕吐毒素）(mg/kg)	饲料原料	植物性饲料原料	≤ 5	GB/T 30956
		饲料产品	犊牛、羔羊、泌乳期精料补充料	≤ 1	
			其他精料补充料	≤ 3	
			猪配合饲料	≤ 1	
			其他配合饲料	≤ 3	
12	T-2 毒素 (mg/kg)	植物性饲料原料		≤ 0.5	NY/T 2071
		猪、禽配合饲料		≤ 0.5	
13	伏马毒素（B_1+B_2）(mg/kg)	饲料原料	玉米级其加工产品、玉米酒精类产品、玉米青贮饲料和玉米秸秆	≤ 60	NY/T 1970
		饲料产品	犊牛、羔羊精料补充料	≤ 20	
			马、兔精料补充料	≤ 5	
			其他反刍动物精料补充料	≤ 50	
			猪浓缩饲料	≤ 5	
			家禽浓缩饲料	≤ 20	
			猪、兔、马配合	≤ 5	
			家禽配合饲料	≤ 20	
			鱼配合饲料	≤ 10	
天然植物毒素					
14	氰化物(以 HCN 计) (mg/kg)	饲料原料	亚麻籽【胡麻籽】	≤ 250	GB/T 13084
			亚麻籽【胡麻籽】饼、亚麻籽【胡麻籽】粕	≤ 350	
			木薯及其加工产品	≤ 100	
			其他饲料原料	≤ 50	
		饲料产品	雏鸡配合饲料	≤ 10	
			其他配合饲料	≤ 50	

续表

序号	项目		产品名称	限量	试验方法
15	游离棉酚 (mg/kg)	饲料产品	棉籽油	≤ 200	GB/T 13086
			棉籽	≤ 5 000	
			脱酚棉籽蛋白、发酵棉籽蛋白	≤ 400	
			其他棉籽加工产品	≤ 1 200	
			其他饲料原料	≤ 20	
			猪（仔猪除外）、兔配合饲料	≤ 60	
			家禽（产蛋禽除外）配合饲料	≤ 100	
			犊牛精料补充料	≤ 100	
			其他牛精料补充料	≤ 500	
			羔羊精料补充料	≤ 60	
			其他羊精料补充料	≤ 300	
			植食性、杂食性水产动物配合饲料	≤ 300	
			其他水产配合饲料	≤ 150	
			其他畜禽配合饲料	≤ 20	
16	异硫氰酸酯（乙丙烯基异硫氰酸酯汁）(mg/kg)	饲料原料	菜籽及其加工产品	≤ 4000	GB/T 13087
			其他饲料原料	≤ 100	
		饲料产品	犊牛、羔羊精料补充料	≤ 150	
			其他牛、羊精料补充料	≤ 1 000	
			猪（仔猪除外）、家禽配合饲料	≤ 500	
			水产配合	≤ 800	
			其他配合饲料	≤ 150	

续表

序号	项目	产品名称		限量	试验方法
17	噁唑烷硫酮（以5-乙烯基-噁唑-2-硫酮计）(mg/kg)	饲料原料	菜籽及其加工产品	≤ 2 500	GB/T 13089
		饲料产品	产蛋禽配合饲料	≤ 500	
			其他家禽配合饲料	≤ 1 000	
			水产配合饲料	≤ 800	

有机氯污染物

序号	项目	产品名称		限量	试验方法
18	多氯联苯(PCB, 以PCB28、PCB52、PCB101、PCB138、PCB153、PCB180之和计)(μg/kg)	饲料原料	植物性饲料原料	≤ 10	GB 5009.190
			矿物质饲料原料	≤ 10	
			动物脂肪、乳脂和蛋脂	≤ 10	
			其他陆生动物产品，包括乳、蛋及其制品	≤ 10	
			鱼油	≤ 175	
			鱼和其他水生动物及其制品（鱼油、脂肪含量大于20%的鱼蛋白水解物除外	≤ 30	
			脂肪含量大于20%的鱼蛋白水解物	≤ 50	
		饲料产品	添加剂预混合饲料	≤ 10	
			水产浓缩饲料、水产配合饲料	≤ 40	
			其它浓缩饲料、精料补充料、配合饲料	≤ 10	

续表

序号	项目	产品名称		限量	试验方法
19	六六六（HCH、以α-HCH、β-HCH、γ-HCH之和计）(mg/kg)	饲料原料	谷物及其加工产品（油脂除外）、油料籽实及其加工产品（油脂除外）、鱼粉	≤ 0.05	GB/T 13090
			油脂	≤ 2.0	GB/T 5009.19
			其他饲料原料	≤ 0.2	GB/T 13090
		饲料产品	添加剂预混合饲料、浓缩饲料、精料补充料、配合饲料	≤ 0.2	
20	滴滴涕（以p,p'-DDE、o,p'-DDT、p,p'-DDE、p,p'-DDT之和计）(mg/kg)	饲料原料	谷物及其加工产品（油脂除外）、油料籽实及其加工产品（油脂除外）、鱼粉	≤ 0.02	GB/T 13090
			油脂	≤ 0.5	GB/T 5009.19
			其他饲料原料	≤ 0.05	GB/T 13090
		饲料产品	添加剂预混合饲料、浓缩饲料、精料补充料、配合饲料	≤ 0.05	
21	六氯苯（HCB）(mg/kg)	饲料原料	油脂	≤ 0.2	SN/T 0127
			其他饲料原料	≤ 0.01	
		饲料产品	添加剂预混合饲料、浓缩底料、精料补充料、配合饲料	≤ 0.01	

续表

序号	项目		产品名称	限量	试验方法
微生物污染物					
22	霉菌总数 (CFU/g)	饲料原料	谷物及其加工产品	$<4 \times 10^4$	GB/T 13092
			饼粕类饲料原料（发酵产品除外）	$<4 \times 10^3$	
			乳制品及其加工副产品	$<1 \times 10^4$	
			鱼粉	$<1 \times 10^4$	
			其他动物源性饲料原料	$<2 \times 10^4$	
23	细菌总数 (CFU/g)		动物源性饲料原料	$<2 \times 10^6$	GB/T 13093
24	沙门氏菌 （25g 中）		饲料原料和饲料产品	不得 检出	GB/T 13091

　　表中所列限量，除特别注明外均以干物质含量88%为基础计算（霉菌总数、细菌总数、沙门氏菌除外）。

　　饲料原料单独饲喂时，应按相应配合饲料限量执行。

附录二　饲料标签
(GB 10648—2013)

前 言

本标准附录 A 是资料性附录。

本标准代替 GB10648—1999《饲料标签》。

本标准与 GB10648—1999 相比，主要技术内容差异如下：

——修订完善了标准的适用范围（见第 1 章）。

——增加了饲料、饲料原料、饲料添加剂等术语的定义（见 3.2～3.15）；修改了药物饲料添加剂的定义（见 3.18）；删除了"保质期"的术语和定义；用"净含量"代替"净重"（见 3.17），并规定了净含量的标示要求（见 5.7）。

——增加了标签中不得标示具有预防或者治疗动物疾病作用的内容的规定（见 4.4）。

——增加了产品名称应采用通用名称的要求，并规定了各类饲料的通用名称的表述方式和标示要求（见 5.2）。

——规定了产品成分分析保证值应符合产品所执行的标准的要求（见 5.3.1）。

——将饲料产品成分分析保证值项目分为"饲料和饲料原料产品成分分析保证值项目"和"饲料添加剂产品成分分析保证值项目"两部分；将饲料添加剂产品分为"矿物质微量元素饲料添加剂、酶制剂饲料添加剂、微生物饲料添加剂、混合型饲料添加剂、其他饲料添加剂"；对饲料和饲料原料产品成分分析保证值项目、饲料添加剂产品成分分析保证值项目进行了修订、补充和完善；增加了饲料原料产品成分分析保证值项目为《饲料原料目录》中强制性标识项目的规定；增加了液态饲料添加剂、液态添加剂预混合饲料不需标示水分的规定；增加了执行企业标准的饲料添加剂和进口饲料添加剂应标明卫生指标的规定（见表1、表2）。

——修订、补充和完善了原料组成应标明的内容（见5.4）。

——增加了饲料添加剂、微量元素预混合饲料和维生素预混合饲料应标明推荐用量及注意事项的规定（见5.6）。

——规定了进口产品的中文标签标明的生产日期应与原产地标签上标明的生产日期一致（见5.8.2）。

——保质期增加了一种表示方法，并要求进口产品的中文标签标明的保质期应与原产地标签上标明的保质期一致(见5.9)。

——将贮存条件及方法单独作为一条列出（见5.10）。

——用"许可证明文件编号"代替"生产许可证和产品批准文号"（见5.11）。

——增加了动物源性饲料（见5.13.1）、委托加工产品（见5.13.3）、定制产品（见5.13.4）、进口产品（见5.13.5）和转基因产品（见5.13.6）的特殊标示规定。

——补充规定了标签不得被遮掩，应在不打开包装的情况下，能看到完整的标签内容（见6.2）。

——附录A增加了酶制剂饲料添加剂和微生物饲料添加剂产品成分分析保证值的计量单位。

本标准由全国饲料工业标准化技术委员会（SAC/T 76）归口。

本标准起草单位：中国饲料工业协会、全国饲料工业标准化技术委员会秘书处。

本标准主要起草人：王黎文、沙玉圣、粟胜兰、武玉波、杨清峰、李祥明、严建刚。

本标准所代替标准的历次版本发布情况为：

——GB 10648—1988、GB 10648—1993、GB 10648—1999。

1 范围

本标准规定了饲料、饲料添加剂和饲料原料标签标示的基本内容和基本要求。

本标准适用于商品饲料、饲料添加剂和饲料原料（包括进口产品），不包括可饲用原粮、药物饲料添加剂和养殖者自行配制使用的饲料。

2 规范性引用文件

下列文件对于本文件的应用是必不可少的。凡是注日期的引用文件，仅注日期的版本适用于本文件。凡是不注日期的引用文件，其最新版本（包括所有的修改单）适用于本文件。

GB 13078　饲料卫生标准

GB/T 10647　饲料工业术语

3 术语和定义

GB/T 10647 中界定的以及下列术语和定义适用于本文件。

3.1 饲料标签 feed label

以文字、图形、符号、数字说明饲料、饲料添加剂和饲料原料内容的一切附签及其他说明物。

3.2 饲料原料 feed material

来源于动物、植物、微生物或者矿物质，用于加工制作饲料但不属于饲料添加剂的饲用物质。

3.3 饲料 feed

经工业化加工、制作的供动物食用的产品，包括单一饲料、添加剂预混合饲料、浓缩饲料、配合饲料和精料补充料。

3.4 单一饲料 single feed

来源于一种动物、植物、微生物或者矿物质，用于饲料产品生产的饲料。

3.5 添加剂预混合饲料 feed additive premix

由两种（类）或者两种（类）以上营养性饲料添加剂为主，与载体或者稀释剂按照一定比例配制的饲料，包括复合预混合饲料、微量元素预混合饲料、维生素预混合饲料。

3.6 复合预混合饲料 premix

以矿物质微量元素、维生素、氨基酸中任何两类或两类以上的营养性饲料添加剂为主，与其他饲料添加剂、载体和（或）稀释剂按一定比例配制的均匀混合物，其中营养性饲料添加剂的含量能够满足其适用动物特定生理阶段的基本营养需求，在配合饲料、精料补充料或动物饮用水中的添加量不低于 0.1% 且不高于 10%。

3.7 维生素预混合饲料 vitamin premix

两种或两种以上维生素与载体和（或）稀释剂按一定比例配制的均匀混合物，其中维生素含量应满足其适用动物特定生理阶段的维生素需求，在配合饲料、精料补充料或动物饮用水中的添加量不低于 0.01% 且不高于 10%。

3.8 微量元素预混合饲料 trace mineral premix

两种或两种以上矿物质微量元素与载体和（或）稀释剂按一定比例配制的均匀混合物，其中矿物质微量元素含量能够满足其适用动物特定生理阶段的微量元素需求，在配合饲料、精料补充料或动物饮用水中的添加量不低于 0.1% 且不高于 10%。

3.9 浓缩饲料　concentrate feed

主要由蛋白质、矿物质和饲料添加剂按照一定比例配制的饲料。

3.10 配合饲料　formula feed；complete feed

根据养殖动物营养需要，将多种饲料原料和饲料添加剂按照一定比例配制的饲料。

3.11 精料补充料　supplementary concentrate

为补充草食动物的营养，将多种饲料原料和饲料添加剂按照一定比例配制的饲料。

3.12 饲料添加剂　feed additive

在饲料加工、制作、使用过程中添加的少量或者微量物质，包括营养性饲料添加剂和一般饲料添加剂。

3.13 混合型饲料添加剂　feed additive blender

由一种或一种以上饲料添加剂与载体或稀释剂按一定比例混合，但不属于添加剂预混合饲料的饲料添加剂产品。

3.14 许可证明文件　official approval document

新饲料、新饲料添加剂证书、饲料、饲料添加剂进口登记证，饲料、饲料添加剂生产许可证以及饲料添加剂、添加剂预混合饲料产品批准文号的统称。

3.15 通用名称　common name

能反映饲料、饲料添加剂和饲料原料的真实属性并符合相关法律法规和标准规定的产品名称。

3.16 产品成分分析保证值　guaranteed analysis of product

在产品保质期内采用规定的分析方法能得到的、符合标准要求的产品成分值。

3.17 净含量　net content

去除包装容器和其他所有包装材料后内装物的量。

3.18 药物饲料添加剂　medical feed additive

为预防、治疗动物疾病而掺入或者稀释剂的兽药的预混合物质。

4 基本原则

4.1 标示的内容应符合国家有关法律法规和标准的规定。

4.2 标示的内容应真实、科学、准确。

4.3 标示内容的表述应通俗易懂。不得使用虚假、夸大或容易引起误解的表述，不得以欺骗性表述误导消费者。

4.4 不得标示具有预防或者治疗动物疾病作用的内容。但饲料中添加药物饲料添加剂的，可以对所添加的药物饲料添加剂的作用加以说明。

5 应标示的基本内容

5.1 卫生要求

饲料、饲料添加剂和饲料原料应符合相应卫生要求。饲料和饲料原料应标有"本产品符合饲料卫生标准"字样，以明示产品符合 GB 13078 的规定。

5.2 产品名称

5.2.1 产品名称应采用通用名称。

5.2.2 饲料添加剂应标注"饲料添加剂"字样，其通用名称应与《饲料添加剂品种目录》中的通用名称一致。饲料原料应标注"饲料原料"字样，其通用名称应与《饲料原料目录》中的原料名称一致。新饲料、新饲料添加剂和进口饲料、进口饲料添加剂的通用名称应与农业部相关公告的名称一致。

5.2.3 混合型饲料添加剂的通用名称表述为"混合型饲料添加剂+《饲料添加剂品种目录》中规定的产品名称或类别"，如"混合型饲料添加剂乙氧基喹啉""混合型饲料添加剂 抗氧化剂"，如果产品涉及多个类别，应逐一标明；如果产品类别为"其他"，应直接标明产品的通用名称。

5.2.4 饲料（单一饲料除外）的通用名称应以配合饲料、浓缩饲料、精料补充料、复合预混合饲料、微量元素预混合饲料或维生素预混合饲料中的一种表示，并标明饲喂对象。可在通用名称前（或后）标示膨化、颗粒、粉状、块状、液体、浮性等物理状态或加工方法。

5.2.5 在标明通用名称的同时，可标明商品名称，但应放在通用名称之后，字号不得大于通用名称。

5.3 产品成分分析保证值

5.3.1 产品成分分析保证值应符合产品所执行的标准的要求。

5.3.2 饲料和饲料原料产品成分分析保证值项目的标示要求，见表1。

表1 饲料和饲料原料产品成分分析保证值项目的标示要求

序号	产品类别	产品成分分析保证值项目	备注
1	配合饲料	粗蛋白质、粗纤维、粗灰分、钙、总磷、氯化钠、水分、氨基酸	水产配合饲料还应标明粗脂肪，可以不标明氯化钠和钙
2	浓缩饲料	粗蛋白质、粗纤维、粗灰分、钙、总磷、氯化钠、水分、氨基酸	
3	精料补充料	粗蛋白质、粗纤维、粗灰分、钙、总磷、氯化钠、水分、氨基酸	
4	复合预混合饲料	微量元素、维生素和（或）氨基酸及其他有效成分、水分	
5	微量元素预混合饲料	微量元素、水分	

续表

序号	产品类别	产品成分分析保证值项目	备注
6	维生素预混合饲料	维生素、水分	
7	饲料原料	《饲料原料目录》规定的强制性标识项目	动物源性蛋白质饲料增加粗脂肪、钙、总磷、食盐

注：序号1、2、3、4、5、6产品成分分析保证值项目中氨基酸、维生素及微量元素的具体种类应与产品所执行的质量标准一致。

液态添加剂预混合饲料不需标示水分。

5.3.3 饲料添加剂产品成分分析保证值项目的标示要求，见表2。

表 2　饲料添加剂产品成分分析保证值项目的标示要求

序号	产品类别	产品成分分析保证值项目	备注
1	矿物质微量元素饲料添加剂	有效成分、水分、粒（细）度	若无粒（细）度要求时，可以不标
2	酶制剂饲料添加剂	有效成分、水分	
3	微生物饲料添加剂	有效成分、水分	
4	混合型饲料添加剂	有效成分、水分	
5	其他饲料添加剂	有效成分、水分	

注：执行企业标准的饲料添加剂产品和进口饲料添加剂产品，其产品成分分析保证值项目还应标示卫生指标。液态饲料添加剂不需标示水分。

5.4 原料组成

5.4.1 配合饲料、浓缩饲料、精料补充料应标明主要饲料原料名称和（或）种类、饲料添加剂名称和（或）类别；添加剂预混合饲料、混合型饲料添加剂应标明饲料添加剂名称、载体和（或）稀释剂名称；饲料添加剂若使用了载体和（或）稀释剂的，应标明载体和（或）稀释剂的名称。

5.4.2 饲料原料名称和类别应与《饲料原料目录》一致；饲料添加剂名称和类别应与《饲料添加剂品种目录》一致。

5.4.3 动物源性蛋白质饲料、植物性油脂、动物性油脂若添加了抗氧化剂，还应标明抗氧化剂的名称。

5.5 产品标准编号

5.5.1 饲料和饲料添加剂产品应标明产品所执行的产品标准编号。

5.5.2 实行进口登记管理的产品，应标明进口产品复核检验报告的编号；不实行进口登记管理的产品可不标示此项。

5.6 使用说明

配合饲料、精料补充料应标明饲喂阶段。浓缩饲料、复合预混合饲料应标明添加比例或推荐配方及注意事项。饲料添加剂、微量元素预混合饲料和维生素预混合饲料应标明推荐用量及注意事项。

5.7 净含量

5.7.1 包装类产品应标明产品包装单位的净含量；罐装车运输的产品应标明运输单位的净含量。

5.7.2 固态产品应使用质量标示；液态产品、半固态或黏性产品可用体积或质量标示。

5.7.3 以质量标示时，净含量不足 1kg 的，以克（g）作为计量单位；净含量超过 1kg（含 1kg）的，以千克（kg）作为计量单位。以体积标示时，净含量不足 1L 的，以毫升（mL 或 ml）作为计量单位；净含量超过1L（含1L）的，以升（L或l）作为计量单位。

5.8 生产日期

5.8.1 应标明完整的年、月、日。

5.8.2 进口产品中文标签标明的生产日期应与原产地标签上标明的生产日期一致。

5.9 保质期

5.9.1 用"保质期为 ___ 天（日）或 ___ 月或 ___ 年"或"保质期至：___ 年 ___ 月 ___ 日"表示。

5.9.2 进口产品中文标签标明的保质期应与原产地标签上标明的保质期一致。

5.10 贮存条件及方法

应标明贮存条件及贮存方法。

5.11 行政许可证明文件编号

实行行政许可管理的饲料和饲料添加剂产品应标明行政许可证明文件编号。

5.12 生产者、经营者的名称和地址

5.12.1 实行行政许可管理的饲料和饲料添加剂产品，应标明与行政许可证明文件一致的生产者名称、注册地址、生产地址及其邮政编码、联系方式；不实行行政许可管理的，应标明与营业执照一致的生产者名称、注册地址、生产地址及其邮政编码、联系方式。

5.12.2 集团公司的分公司或生产基地，除标明上述相关信息外，还应标明集团公司的名称、地址和联系方式。

5.12.3 进口产品应标明与进口产品登记证一致的生产厂家名称，以及与营业执照一致的在中国境内依法登记注册的销售机构或代理机构名称、地址、邮政编码和联系方式等。

5.13 其他

5.13.1 动物源性饲料

5.13.1.1 动物源性饲料应标明源动物名称。

5.13.1.2 乳和乳制品之外的动物源性饲料应标明"本产品不得饲喂反刍动物"字样。

5.13.2 加入药物饲料添加剂的饲料产品

5.13.2.1 应在产品名称下方以醒目字体标明"本产品加入药物饲料添加剂"字样。

5.13.2.2 应标明所添加药物饲料添加剂的通用名称。

5.13.2.3 应标明本产品中药物饲料添加剂的有效成分含量、休药期及注意事项。

5.13.3 委托加工产品

除标明本章规定的基本内容外，还应标明委托企业的名称，注册地址和生产许可证编号。

5.13.4 定制产品

5.13.4.1 应标明"定制产品"字样。

5.13.4.2 除标明本章规定的基本内容外，还应标明定制企业的名称、地址和生产许可证编号。

5.13.4.3 定制产品可不标示产品批准文号。

5.13.5 进口产品

进口产品应用中文标明原产国名或地区名。

5.13.6 转基因产品

转基因产品的标示应符合相关法律法规的要求。

5.13.7 其他内容

可以标明必要的其他内容，如：产品批号、有效期内的质量认证标志等。

6 基本要求

6.1 印刷材料应结实耐用；文字、符号、数字、图形清晰醒目，易于辨认。

6.2 不得与包装物分离或被遮掩；应在不打开包装的情况下，

能看到完整的标签内容。

6.3 罐装车运输产品的标签随发货单一起传送。

6.4 应使用规范的汉字，可以同时使用有对应关系的汉语拼音及其他文字。

6.5 应采用国家法定计量单位，产品成分分析保证值常用计量单位参加附录 A。

6.6 一个标签只能标示一个产品。

附录三　禁止在饲料和动物饮用水中使用的药物品种目录

一、肾上腺素受体激动剂

1. 盐酸克仑特罗（Clenbuterol Hydrochloride）：《中华人民共和国药典》（以下简称《药典》）2000 年二部 P605。β2 肾上腺素受体激动药。

2. 沙丁胺醇（Salbutamol）：《药典》2000 年二部 P316。β2 肾上腺素受体激动药。

3. 硫酸沙丁胺醇（Salbutamol Sulfate）：《药典》2000 年二部 P870。β2 肾上腺素受体激动药。

4. 莱克多巴胺（Ractopamine）：一种 β 兴奋剂，美国食品和药物管理局（FDA）已批准，中国未批准。

5. 盐酸多巴胺（Dopamine Hydrochloride）：《药典》2000 年二部 P591。多巴胺受体激动药。

6. 西马特罗（Cimaterol）：美国氰胺公司开发的产品，一种 β 兴奋剂，FDA 未批准。

7. 硫酸特布他林（Terbutaline Sulfate）：《药典》2000 年二部 P890。β2 肾上腺受体激动药。

二、性激素

8. 己烯雌酚（Diethylstibestrol）：《药典》2000 年二部

P42。雌激素类药。

9. 雌二醇（Estradiol）：《药典》2000年二部P1005。雌激素类药。

10. 戊酸雌二醇（Estradiol Valerate）：《药典》2000年二部P124。雌激素类药。

11. 苯甲酸雌二醇（Estradiol Benzoate）：《药典》2000年二部P369。雌激素类药。《中华人民共和国兽药典》(以下简称《兽药典》) 2000年版一部P109。雌激素类药。用于发情不明显动物的催情及胎衣滞留、死胎的排除。

12. 氯烯雌醚（Chlorotrianisene）：《药典》2000年二部P919。

13. 炔诺醇 (Ethinylestradiol)：《药典》2000年二部P422。

14. 炔诺醚 (QIUnestrol)：《药典》2000年二部P424。

15. 醋酸氯地孕酮（Chlormadinone acetate）：《药典》2000年二部P1037。

16. 左炔诺孕酮 (Levonorgestrel)：《药典》2000年二部P107。

17. 炔诺酮 (Norethisterone)：《药典》2000年二部P420。

18. 绒毛膜促性腺激素(绒促性素)(Chorionic Gonadotrophin)：《药典》2000年二部P534。促性腺激素药。《兽药典》2000年版一部P146。激素类药。用于性功能障碍、习惯性流产及卵巢囊肿等。

19. 促卵泡生长激素（尿促性素主要含卵泡刺激 FSHT 和黄体生成素 LH ）（Menotropins）：《药典》2000年二部P321。促性腺激素类药。

三、蛋白同化激素

20. 碘化酪蛋白 (Iodinated Casein)：蛋白同化激素类，为甲状腺素的前驱物质，具有类似甲状腺素的生理作用。

21. 苯丙酸诺龙及苯丙酸诺龙注射液（Nandrolone phenylpropionate）：《药典》2000年二部P365。

四、精神药品

22. （盐酸）氯丙嗪（Chlorpromazine Hydrochloride）：《药典》2000年二部P676。抗精神病药。《兽药典》2000年版一部P177。镇静药。用于强化麻醉以及使动物安静等。

23. 盐酸异丙嗪（Promethazine Hydrochloride）：《药典》2000年二部P602。抗组胺药。《兽药典》2000年版一部P164。抗组胺药。用于变态反应性疾病，如荨麻疹、血清病等。

24. 安定（地西泮）（Diazepam）：《药典》2000年二部P214。抗焦虑药、抗惊厥药。《兽药典》2000年版一部P61。镇静药、抗惊厥药。

25. 苯巴比妥（Phenobarbital）：《药典》2000年二部P362。镇静催眠药、抗惊厥药。《兽药典》2000年版一部P103。巴比妥类药。缓解脑炎、破伤风、士的宁中毒所致的惊厥。

26. 苯巴比妥钠（Phenobarbital Sodium）：《兽药典》2000年版一部P105。巴比妥类药。缓解脑炎、破伤风、士的宁中毒所致的惊厥。

27. 巴比妥（Barbital）：《兽药典》2000年版一部P27。中枢抑制和增强解热镇痛。

28. 异戊巴比妥（Amobarbital）：《药典》2000年二部P252。催眠药、抗惊厥药。

29. 异戊巴比妥钠（Amobarbital Sodium）：《兽药典》2000年版一部P82。巴比妥类药。用于小动物的镇静、抗惊厥和麻醉。

30. 利血平（Reserpine）：《药典》2000年二部P304。抗

高血压药。

31．艾司唑仑（Estazolam）。

32．甲丙氨脂（Meprobamate）。

33．咪达唑仑（Midazolam）。

34．硝西泮（Nitrazepam）。

35．奥沙西泮（Oxazepam）。

36．匹莫林（Pemoline）。

37．三唑仑（Triazolam）。

38．唑吡旦（Zolpidem）。

39．其他国家管制的精神药品。

五、各种抗生素滤渣

40．抗生素滤渣：该类物质是抗生素类产品生产过程中产生的工业"三废"，因含有微量抗生素成分，在饲料和饲养过程中使用后对动物有一定的促生长作用。但对养殖业的危害很大，一是容易引起耐药性，二是由于未做安全性试验，存在各种安全隐患。

附录四 饲料添加剂安全使用规范
（农业部公告 1224 号）

1. 氨基酸 Amino Acids

通用名称	化学式或描述	来源	含量规格（%）以氨基酸盐计	含量规格（%）以氨基酸计	适用动物	在配合饲料或全混合日粮中的推荐用量（以氨基酸计）（%）	在配合饲料或全混合日粮中的最高限量（以氨基酸计）（%）	其他要求
L-赖氨酸盐酸盐	$NH_2(CH_2)_4CH(NH_2)COOH \cdot HCl$	发酵生产	≥ 98.5 （以干基计）	≥ 78.0 （以干基计）	养殖动物	0 ~ 0.5	—	—
L-赖氨酸硫酸盐及其发酵副产物（产自谷氨酸棒杆菌）	$[NH_2(CH_2)_4CH(NH_2)COOH]_2 \cdot H_2SO_4$	发酵生产	≥ 65.0 （以干基计）	≥ 51.0 （以干基计）	养殖动物	0 ~ 0.5	—	—
DL-蛋氨酸	$CH_3S(CH_2)_2CH(NH_2)COOH$	化学制备	—	≥ 98.5	养殖动物	0 ~ 0.2	鸡 0.9	—

续表

通用名称	化学式或描述	来源	含量规格（%）		适用动物	在配合饲料或全混合日粮中的推荐用量（以氨基酸计）（%）	在配合饲料或全混合日粮中的最高限量（以氨基酸计）（%）	其他要求
			以氨基酸盐计	以氨基酸计				
L-苏氨酸	CH₃CH(OH)CH(NH₂)COOH	发酵生产	—	≥97.5（以干基计）	养殖动物	畜禽 0~0.3 鱼类 0~0.3 虾类 0~0.8	—	—
L-色氨酸	(C₈H₅NH)CH₂CH(NH₂)COOH	发酵生产	—	≥98.0	养殖动物	畜禽 0~0.1 鱼类 0~0.1 虾类 0~0.3	—	—
蛋氨酸羟基类似物	C₅H₁₀O₃S	化学制备	—	≥88.0（以蛋氨酸羟基类似物计）	猪、鸡、牛	猪 0~0.11 鸡 0~0.21 牛 0~0.27（以蛋氨酸羟基基类似物计）	鸡 0.9（以蛋氨酸羟基类似物计）	—
蛋氨酸羟基类似物钙盐	C₁₀H₁₈O₆S₂Ca	化学制备	≥95.0（以干基计）	≥84.0（以蛋氨酸羟基类似物计，干基）				—
N-羟甲基蛋氨酸钙	(C₆H₁₂NO₃S)₂Ca	化学制备	≥98.0	≥67.6（以蛋氨酸计）	反刍动物	牛 0~0.14（以蛋氨酸计）	—	—

2. 维生素 Vitamins 注1

通用名称	化学式或描述	来源	含量规格（以化合物计）	含量规格（以维生素计）	适用动物	在配合饲料或全混合日粮中的推荐添加量（以维生素计）	在配合饲料或全混合日粮中的最高限量（以维生素计）	其他要求
维生素 A 乙酸酯	$C_{22}H_{32}O_2$	化学制备	—	粉剂 ≥ 5.0×10⁵ IU/g 油剂 ≥ 2.5×10⁶ IU/g	养殖动物	猪 1 300 ~ 4 000 IU/kg 肉鸡 2 700 ~ 8 000 IU/kg 蛋鸡 1 500 ~ 4 000 IU/kg 牛 2 000 ~ 4 000 IU/kg 羊 1 500 ~ 2 400 IU/kg 鱼类 1 000 ~ 4 000 IU/kg	仔猪 16 000 IU/kg 育肥猪 6 500 IU/kg 怀孕母猪 12 000 IU/kg 泌乳母猪 7 000 IU/kg 犊牛 25 000 IU/kg 育肥和泌乳牛 10 000 IU/kg 干奶牛 20 000 IU/kg 14 日龄以前的蛋鸡和肉鸡 20 000 IU/kg 14 日龄以后的蛋鸡和肉鸡 10 000 IU/kg 28 日龄以前的肉用火鸡 20 000 IU/kg 28 日龄后的火鸡 10 000 IU/kg	—
维生素 A 棕榈酸酯	$C_{36}H_{60}O_2$	化学制备	—	粉剂 ≥ 2.5×10⁵ IU/g 油剂 ≥ 1.7×10⁶ IU/g				—

续表

通用名称	化学式或描述	来源	含量规格		适用动物	在配合饲料或全混合日粮中的推荐添加量（以维生素计）	在配合饲料或全混合日粮中的最高限量（以维生素计）	其他要求
			以化合物计	以维生素计				
β-胡萝卜素	$C_{40}H_{56}$	提取、发酵生产或化学制备	≥96.0%	—	养殖动物	奶牛5~30 mg/kg（以β-胡萝卜素计）	—	—
盐酸硫胺（维生素B_1）	$C_{12}H_{17}ClN_4OS \cdot HCl$	化学制备	98.5%~101.0%（以干基计）	87.8%~90.0%（以干基计）	养殖动物	猪1~5mg/kg 家禽1~5 mg/kg 鱼类5~20 mg/kg	—	—
硝酸硫胺（维生素B_1）	$C_{12}H_{17}N_5O_4S$	化学制备	98.0%~101.0%（以干基计）	90.1%~92.8%（以干基计）	养殖动物		—	—

续表

通用名称	化学式或描述	来源	含量规格		适用动物	在配合饲料或全混合日粮中的推荐添加量（以维生素计）	在配合饲料或全混合日粮中的最高限量（以维生素计）	其他要求
			以化合物计	以维生素计				
核黄素（维生素 B_2）	$C_{17}H_{20}N_4O_6$	化学制备或发酵生产	—	$98.0\% \sim 102.0\%$ $96.0\% \sim 102.0\%$ $\geqslant 80.0\%$ （以干基计）	养殖动物	猪 $2 \sim 8$ mg/kg 家禽 $2 \sim 8$ mg/kg 鱼类 $10 \sim 25$ mg/kg	—	—
盐酸吡哆醇（维生素 B_6）	$C_8H_{11}NO_3 \cdot HCl$	化学制备	$98.0\% \sim 101.0\%$ （以干基计）	$80.7\% \sim 83.1\%$ （以干基计）	养殖动物	猪 $1 \sim 3$ mg/kg 家禽 $3 \sim 5$ mg/kg 鱼类 $3 \sim 50$ mg/kg	—	—
氰钴胺（维生素 B_{12}）	$C_{63}H_{88}CoN_{14}O_{14}P$	发酵生产	—	$\geqslant 96.0$ （以干基计）	养殖动物	猪 $5 \sim 33$ μg/kg 家禽 $3 \sim 12$ μg/kg 鱼类 $10 \sim 20$ μg/kg	—	—

续表

通用名称	化学式或描述	来源	含量规格		适用动物	在配合饲料或混合日粮中的推荐添加量（以维生素计）	在配合饲料或全混合日粮中的最高限量（以维生素计）	其他要求
			以化合物计	以维生素计				
L-抗坏血酸（维生素C）	$C_6H_8O_6$	化学制备或发酵生产	—	99.0% ~ 101.0%		猪150 ~ 300mg/kg 家禽50 ~ 200mg/kg 犊牛125 ~ 500 mg/kg	—	—
L-抗坏血酸钙	$C_{12}H_{14}CaO_{12} \cdot 2H_2O$	化学制备	≥ 98.0%	≥ 80.5%			—	—
L-抗坏血酸钠	$C_6H_7NaO_6$	化学制备或发酵生产	≥ 98.0%	≥ 87.1%	养殖动物	罗非鱼 鲫鱼 鱼苗 300 mg/kg 鱼种 200 mg/kg 青鱼、虹鳟鱼、蛙类 100 ~ 150 mg/kg 草鱼、鲤鱼 300 ~ 500 mg/kg	—	—
L-抗坏血酸-2-磷酸酯	—	化学制备	—	≥ 35.0%				—
L-抗坏血酸-6-棕榈酸酯	$C_{22}H_{38}O_7$	化学制备	≥ 95.0%	≥ 40.3%				—

续表

通用名称	化学式或描述	来源	含量规格 以化合物计	含量规格 以维生素计	适用动物	在配合饲料或全混合日粮中的推荐添加量（以维生素计）	在配合饲料或全混合日粮中的最高限量（以维生素计）	其他要求
维生素 D_2	$C_{28}H_{44}O$	化学制备	≥97.0%	4.0×10^7 IU/g	养殖动物	猪150～500IU/kg 牛275～400IU/kg 羊150～500IU/kg	猪5 000 IU/kg（仔猪代乳料10 000 IU/kg）家禽5 000 IU/kg 牛4 000 IU/kg（犊牛代乳料10 000 IU/kg）羊、马4 000IU/kg 鱼类3 000 IU/kg 其他动物2 000 IU/kg	饲料中维生素 D_3 不能与维生素 D_2 同时使用
维生素 D_3	$C_{27}H_{44}O$	化学制备或提取	—	油剂 ≥1.0×10⁶IU/g 粉剂 ≥5.0×10⁵ IU/g	养殖动物	猪150～500IU/kg 鸡400～2000IU/kg 鸭500～800IU/kg 鹅500～800IU/kg 牛275～450IU/kg 羊150～500IU/kg 鱼类500～2 000 IU/kg		

198

续表

通用名称	化学式或描述	来源	含量规格（以化合物计）	含量规格（以维生素计）	适用动物	在配合饲料或全混合日粮中的推荐添加量（以维生素计）	在配合饲料或全混合日粮中的最高限量（以维生素计）	其他要求
DL-α-生育酚乙酸酯（维生素E）	$C_{31}H_{52}O_3$	化学制备	油剂 ≥92.0% 粉剂 ≥50.0%	油剂 ≥920 IU/g 粉剂 ≥500 IU/g	养殖动物	猪 10～100 IU/kg 鸡 10～30 IU/kg 鸭 20～50 IU/kg 鹅 20～50 IU/kg 牛 15～60 IU/kg 羊 10～40 IU/kg 鱼类 30～120 IU/kg	—	—
亚硫酸氢钠甲萘醌	$C_{11}H_8O_2NaHSO_3 \cdot 3H_2O$	化学制备	≥96.0% ≥98.0%	≥50.0% ≥51.0% （以甲萘醌计）	养殖动物	猪 0.5 mg/kg 鸡 0.4～0.6 mg/kg	—	—
二甲基嘧啶醇亚硫酸甲萘醌	$C_{17}H_{18}N_2O_6S$	化学制备	≥96.0%	≥44.0% （以甲萘醌计）	养殖动物	猪 0.5 mg/kg 鸡 0.4～0.6 mg/kg 鸭 0.5 mg/kg 水产动物 2～16 mg/kg （以甲萘醌计）	猪 10 mg/kg 鸡 5 mg/kg （以甲萘醌计）	—
亚硫酸氢烟酰胺甲萘醌	$C_{17}H_{16}N_2O_5S$	化学制备	≥96.0%	≥43.7% （以甲萘醌计）	—	—	—	—

续表

通用名称	化学式或描述	来源	含量规格		适用动物	在配合饲料或全混合日粮中的推荐添加量（以维生素计）	在配合饲料或全混合日粮中的最高限量（以维生素计）	其他要求
			以化合物计	以维生素计				
烟酸	$C_6H_5NO_2$	化学制备	—	99.0% ~ 100.5%（以干基计）	养殖动物	仔猪 20 ~ 40 mg/kg 生长肥育猪 20 ~ 30mg/kg 蛋雏鸡 30 ~ 40 mg/kg 育成蛋鸡 10 ~ 15 mg/kg 产蛋鸡 20 ~ 30 mg/kg 肉仔鸡 30 ~ 40 mg/kg 奶牛 50 ~ 60 mg/kg（精料补充料） 鱼虾类 20 ~ 200 mg/kg	—	—
烟酰胺	$C_6H_6N_2O$	化学制备	—	≥ 99.0%			—	—

续表

通用名称	化学式或描述	来源	含量规格 以化合物计	含量规格 以维生素计	适用动物	在配合饲料或全混合日粮中的推荐添加量（以维生素计）	在配合饲料或全混合日粮中的最高限量（以维生素计）	其他要求
D-泛酸钙	$C_{18}H_{32}CaN_2O_{10}$	化学制备	98.0%~101.0%（以干基计）	90.2%~92.9%（以干基计）	养殖动物	仔猪 10～15 mg/kg 生长肥育猪 10～15 mg/kg 蛋雏鸡 10～15 mg/kg 育成蛋鸡 10～25 mg/kg 产蛋鸡 20～25 mg/kg 肉仔鸡 20～25 mg/kg 鱼类 20～50 mg/kg	—	—
DL-泛酸钙		化学制备	≥99.0%	≥45.5%		仔猪 20～30 mg/kg 生长肥育猪 20～30mg/kg 蛋雏鸡 20～30 mg/kg 育成蛋鸡 20～30 mg/kg 产蛋鸡 40～50 mg/kg 肉仔鸡 40～50 mg/kg 鱼类 40～100 mg/kg	—	—

续表

通用名称	化学式或描述	来源	含量规格		适用动物	在配合饲料或全混合日粮中的推荐添加量（以维生素计）	在配合饲料或全混合日粮中的最高限量（以维生素计）	其他要求
			以化合物计	以维生素计				
叶酸	$C_{19}H_{19}N_7O_6$	化学制备	—	95.0% ~ 102.0%（以干基计）	养殖动物	仔猪 0.6 ~ 0.7 mg/kg 生长肥育猪 0.3 ~ 0.6 mg/kg 雏鸡 0.6 ~ 0.7 mg/kg 育成蛋鸡 0.3 ~ 0.6 mg/kg 产蛋鸡 0.3 ~ 0.6 mg/kg 肉仔鸡 0.6 ~ 0.7 mg/kg 鱼类 1.0 ~ 2.0 mg/kg	—	—
D-生物素	$C_{10}H_{16}N_2O_3S$	化学制备	—	≥ 97.5%	养殖动物	猪 0.2 ~ 0.5 mg/kg 蛋鸡 0.15 ~ 0.25 mg/kg 肉鸡 0.2 ~ 0.3 mg/kg 鱼类 0.05 ~ 0.15 mg/kg	—	—

续表

续表

通用名称	化学式或描述	来源	含量规格		适用动物	在配合饲料或全混合日粮中的推荐添加量（以维生素计）	在配合饲料或全混合日粮中的最高限量（以维生素计）	其他要求
			以化合物计	以维生素计				
氯化胆碱	$C_5H_{14}NOCl$	化学制备	水剂 ≥70.0% 或 ≥75.0%；粉剂 ≥50.0% 或 ≥60.0%（粉剂以干基计）	水剂 ≥52.0% 或 ≥55.0%；粉剂 ≥37.0% 或 ≥44.0%（粉剂以干基计）	养殖动物	猪 200 ～ 1 300 mg/kg 鸡 450 ～ 1 500 mg/kg 鱼类 400 ～ 1 200 mg/kg	—	用于奶牛时，产品应作保护处理
肌醇	$C_6H_{12}O_6$	化学制备	≥97.0%（以干基计）	—	养殖动物	鲤科鱼 250 ～ 500 mg/kg 鲑鱼、虹鳟 300 ～ 400 mg/kg 鳗鱼 500 mg/kg 虾类 200 ～ 300 mg/kg	—	—

续表

通用名称	化学式或描述	来源	含量规格		适用动物	在配合饲料或全混合日粮中的推荐添加量（以维生素计）	在配合饲料或全混合日粮中的最高限量（以维生素计）	其他要求
			以化合物计	以维生素计				
L-肉碱	$C_7H_{15}NO_3$	化学制备或发酵生产	—	97.0%～103.0%（以干基计）	养殖动物	猪 30～50 mg/kg（乳猪 300～500 mg/kg）家禽 50～60 mg/kg（1周龄肉雏鸡150 mg/kg）	—	—
L-肉碱盐酸盐	$C_7H_{15}NO_3\cdot HCl$	化学制备或发酵生产	97.0%～103.0%（以干基计）	79.0%～83.8%（以干基计）		鲤鱼 5～10 mg/kg 虹鳟 15～120 mg/kg 鲑鱼 45～95 mg/kg 其他鱼 5～100 mg/kg	猪 1 000 mg/kg 家禽 200 mg/kg 鱼类 2 500 mg/kg	—

注：由于测定方法存在精密度和准确度的问题，部分维生素类饲料添加剂的含量规格是范围值，若测量误差为正，则检测值可能超过 100%，故部分维生素类饲料添加剂含量规格出现超过 100% 的情况。

3. 微量元素 Trace Minerals

微量元素 化合物通用名称	化学式或描述	来源	含量规格（%） 以化合物计	含量规格（%） 以元素计	适用动物	在配合饲料或全混合日粮中的推荐添加量（以元素计）（mg/kg）	在配合饲料或全混合日粮中的最高限量（以元素计）（mg/kg）	其他要求
铁：来自以下化合物								
硫酸亚铁	$FeSO_4 \cdot H_2O$ $FeSO_4 \cdot 7H_2O$	化学制备	≥ 91.0 ≥ 98.0	≥ 30.0 ≥ 19.7	养殖动物	猪 40 ~ 100 鸡 35 ~ 120 牛 10 ~ 50 羊 30 ~ 50 鱼类 30 ~ 200	仔猪（断奶前）250 mg/头·日 家禽 750 牛 750 羊 500 宠物 1 250 其他动物 750	—
富马酸亚铁	$FeH_2C_4O_4$	化学制备	≥ 93.0	≥ 29.3				—
柠檬酸亚铁	$Fe_3(C_6H_5O_7)_2$	化学制备	—	≥ 16.5				—
乳酸亚铁	$C_6H_{10}FeO_6 \cdot 3H_2O$	化学制备或发酵生产	≥ 97.0	≥ 18.9				—

续表

微量元素	化合物通用名称	化学式或描述	来源	含量规格（%）		适用动物	在配合饲料或全混合日粮中的推荐添加量（以元素计）（mg/kg）	在配合饲料或全混合日粮中的最高限量（以元素计）（mg/kg）	其他要求
				以化合物计	以元素计				
铜：来自以下化合物	硫酸铜	$CuSO_4 \cdot H_2O$	化学制备	≥98.5	≥35.7	养殖动物	猪 3～6 家禽 0.4～10.0 牛 10 羊 7～10 鱼类 3～6	仔猪（≤30 kg）200 生长肥育猪（30～60 kg）150 生长肥育猪（≥60 kg）35 种猪35 家禽35 牛精料补充料35 羊精料补充料25 鱼类25	—
		$CuSO_4 \cdot 5H_2O$		≥98.5	≥25.0				
	碱式氯化铜	$Cu_2(OH)_3Cl$	化学制备	≥98.0	≥58.1	猪、鸡	猪 2.6～5.0 鸡 0.3～8.0	仔猪（≤30 kg）200 生长肥育猪（30～60 kg）150 生长肥育猪（≥60 kg）35 种猪35 鸡35	—

续表

微量元素	化合物通用名称	化学式或描述	来源	含量规格（%）以化合物计	含量规格（%）以元素计	适用动物	在配合饲料或全混合日粮中的推荐添加量（以元素计）（mg/kg）	在配合饲料或全混合日粮中的最高限量（以元素计）（mg/kg）	其他要求
锌：来自以下化合物	硫酸锌	$ZnSO_4 \cdot H_2O$ $ZnSO4 \cdot 7H_2O$	化学制备	≥94.7 ≥97.3	≥34.5 ≥22.0	养殖动物	猪 40~110 肉鸡 55~120 蛋鸡 40~80 肉鸭 20~60 蛋鸭 30~60 鹅 60 肉牛 30 奶牛 40 鱼类 20~30 虾类 15	代乳料 200 鱼类 200 宠物 250 其他动物 150	仔猪断奶后前 2 周配合饲料中氧化锌形式的锌的添加量不超过 2 250 mg/kg
	氧化锌	ZnO	化学制备	≥95.0	≥76.3		猪 43~120 肉鸡 80~180 肉牛 30 奶牛 40	农业行业标准《饲料级锌允许量》（NY 929—2005）	
	蛋氨酸锌络（螯）合物	$Zn(C_5H_{10}NO_2S)_2$ （$C_5H_{10}NO_2SZn$）HSO_4	化学制备	≥90.0 —	≥17.2 ≥19.0		猪 42~116 肉鸡 54~120 肉牛 30 奶牛 40	自本公告发布之日起废止	本产品仅指硫酸锌与蛋氨酸反应的产物

续表

微量元素	化合物通用名称	化学式或描述	来源	含量规格（%）以化合物计	含量规格（%）以元素计	适用动物	在配合饲料或日粮中的推荐添加量（以元素计）（mg/kg）	在配合饲料或全混合日粮中的最高限量（以元素计）（mg/kg）	其他要求
锰：来自以下化合物	硫酸锰	MnSO₄·H₂O	化学制备	≥98.0	≥31.8	养殖动物	猪 2～20 肉鸡 72～110 蛋鸡 40～85 肉鸭 40～90 蛋鸭 47～60 鹅 66 肉牛 20～40 奶牛 12 鱼类 2.4～13.0	鱼类 100 其他动物 150	—
	氧化锰	MnO	化学制备	≥99.0	≥76.6		猪 2～20 肉鸡 86～132		—
	氯化锰	MnCl₂·4H₂O	化学制备	≥98.0	≥27.2		猪 2～20 肉鸡 74～113		—
碘：来自以下化合物	碘化钾	KI	化学制备	≥98.0（以干基计）	≥74.9（以干基计）	养殖动物	猪 0.14 家禽 0.1～1.0 牛 0.25～0.80 羊 0.1～2.0 水产动物 0.6～1.2	蛋鸡 5 奶牛 5 水产动物 20 其他动物 10	—
	碘酸钾	KIO₃	化学制备	≥99.0	≥58.7				—
	碘酸钙	Ca(IO₃)₂·H₂O	化学制备	≥95.0（以 Ca(IO₃)₂ 计）	≥61.8				—

续表

微量元素	化合物通用名称	化学式或描述	来源	含量规格（%）以化合物计	含量规格（%）以元素计	适用动物	在配合饲料或全混合日粮中的推荐添加量（以元素计）（mg/kg）	在配合饲料或全混合日粮中的最高限量（以元素计）（mg/kg）	其他要求
钴：来自以下化合物	硫酸钴	$CoSO_4$ $CoSO_4 \cdot H_2O$ $CoSO_4 \cdot 7H_2O$	化学制备	≥ 98.0 ≥ 96.5 ≥ 97.5	≥ 37.2 ≥ 33.0 ≥ 20.5	养殖动物	牛、羊 0.1～0.3 鱼类 0～1	2	—
	氯化钴	$CoCl_2 \cdot H_2O$ $CoCl_2 \cdot 6H_2O$	化学制备	≥ 98.0 ≥ 96.8	≥ 39.1 ≥ 24.0				—
	乙酸钴	$Co(CH_3COO)_2$ $Co(CH_3COO)_2 \cdot 4H_2O$	化学制备	≥ 98.0 ≥ 98.0	≥ 32.6 ≥ 23.1		牛、羊 0.1～0.4 鱼类 0～1.2		—
	碳酸钴	$CoCO_3$	化学制备	≥ 98.0	≥ 48.5	反刍动物	牛、羊 0.1～0.3		—

209

续表

微量元素	化合物通用名称	化学式或描述	含量规格（%）来源	以化合物计	以元素计	适用动物	在配合饲料或全混合日粮中的推荐添加量（以元素计）（mg/kg）	在配合饲料或全混合日粮中的最高限量（以元素计）（mg/kg）	其他要求
硒：来自以下化合物	亚硒酸钠	Na_2SeO_3	化学制备	≥98.0（以干基计）	≥44.7（以干基计）	养殖动物	畜禽 0.1～0.3 鱼类 0.1～0.3	0.5	使用时应先制成预混剂，且产品标签上应标示最大硒含量 产品需标示最大硒含量和有机硒含量，无机硒含量不得超过总硒的2.0%
	酵母硒	酵母在含无机硒的培养基中发酵培养，发酵生产将无机态硒转化生成有机硒	—		有机形态硒含量≥0.1				

续表

微量元素	化合物通用名称	化学式或描述	来源	含量规格（%）		适用动物	在配合饲料或全混合日粮中的推荐添加量（以元素计）（mg/kg）	在配合饲料或全混合日粮中的最高限量（以元素计）（mg/kg）	其他要求
				以化合物计	以元素计				
铬：来自以下化合物	烟酸铬	Cr(⟨N—COO⟩)₃	化学制备	≥98.0	≥12.0	生长肥育猪	0~0.2	0.2	饲料中铬的最高限量是指有机形态铬的添加限量
	吡啶甲酸铬	Cr(⟨N—COO⟩)₃	化学制备	≥98.0	12.2~12.4				

4. 常量元素 Macro Minerals

常量元素	化合物通用名称	化学式或描述	来源	含量规格（%） 以化合物计	含量规格（%） 以元素计	适用动物	在配合饲料或配合日粮中的推荐添加量（%）	在配合饲料或配合日粮中的最高限量（%）	其他要求
钠及以下化合物	氯化钠	$NaCl$	天然盐加工制取	≥ 91.0	$Na ≥ 35.7$ $Cl ≥ 55.2$	养殖动物	猪 0.3 ~ 0.8 鸡 0.25 ~ 0.40 鸭 0.3 ~ 0.6 牛、羊 0.5 ~ 1.0 （以 $NaCl$ 计）	猪 1.5 家禽 1 牛、羊 2 （以 $NaCl$ 计）	—
	硫酸钠	Na_2SO_4	天然盐加工制取或化学制备	≥ 99.0	$Na ≥ 32.0$ $S ≥ 22.3$		猪 0.1 ~ 0.3 肉鸡 0.1 ~ 0.3 鸭 0.1 ~ 0.3 牛、羊 0.1 ~ 0.4 （以 Na_2SO_4 计）	0.5（以 Na_2SO_4 计）	本品有轻度致泻作用，应注意与动物维持适当的氮硫比
	磷酸二氢钠	NaH_2PO_4 $NaH_2PO_4 \cdot H_2O$ $NaH_2PO_4 \cdot 2H_2O$	化学制备	98.0 ~ 103.0 （以 NaH_2PO_4 计，干基）	$Na ≥ 18.7$ $P ≥ 25.3$ （以 NaH_2PO_4 计，干基）		猪 0 ~ 1.0 家禽 0 ~ 1.5 淡水鱼 1.0 ~ 2.0 （以 NaH_2PO_4 计）	—	在畜禽饲料中较少使用，在鱼类饲料中适可添加，还可用作补充磷的饲料
	磷酸氢二钠	Na_2HPO_4 $Na_2HPO_4 \cdot 2H_2O$ $Na_2HPO_4 \cdot 12H_2O$	化学制备	≥ 98.0 （以 Na_2HPO_4 计，干基）	$Na ≥ 31.7$ $P ≥ 21.3$ （以 Na_2HPO_4 计，干基）		猪 0.5 ~ 1.0 家禽 0.6 ~ 1.5 牛 1.0 ~ 1.6 淡水鱼 1.0 ~ 2.0 （以 Na_2HPO_4 计）	—	磷元素应参考使用时与磷补充料中磷的适当比例及钠的总量

续表

常量元素	化合物通用名称	化学式或描述	来源	含量规格（%）		适用动物	在配合饲料或全混合日粮中的推荐添加量（%）	在配合饲料或全混合日粮中的最高限量（%）	其他要求
				以化合物计	以元素计				
钙：来自以下化合物	轻质碳酸钙	CaCO₃	化学制备	≥98.0（以干基计）	Ca ≥ 39.2（以干基计）	养殖动物	猪 0.4 ~ 1.1 肉禽 0.6 ~ 1.0 蛋禽 0.8 ~ 4.0 牛 0.2 ~ 0.8 羊 0.2 ~ 0.7 （以 Ca 元素计）	—	摄取过多钙会导致钙磷比例失调并阻碍其他微量元素的吸收
	氯化钙	CaCl₂ CaCl₂·2H₂O	化学制备	≥93.0 99.0 ~ 107.0	Ca ≥ 33.5 Cl ≥ 59.5 Ca ≥ 26.9 Cl ≥ 47.8				
	乳酸钙	C₆H₁₀O₆Ca C₆H₁₀O₆Ca·H₂O C₆H₁₀O₆Ca·3H₂O C₆H₁₀O₆Ca·5H₂O	化学制备或发酵生产	≥97.0（以 C₆H₁₀O₆Ca 计，干基）	Ca ≥ 17.7（以 C₆H₁₀O₆Ca 计，干基）				

续表

常量元素	化合物通用名称	化学式或描述	来源	含量规格（%）以化合物计	含量规格（%）以元素计	适用动物	在配合饲料或全混合日粮中的推荐添加量（%）	在配合饲料或全混合日粮中的最高限量（%）	其他要求
磷：来自以下化合物	磷酸氢钙	$CaHPO_4 \cdot 2H_2O$	化学制备	—	P ≥ 16.5 Ca ≥ 20.0 P ≥ 19.0 Ca ≥ 15.0 P ≥ 21.0 Ca ≥ 14.0	养殖动物	猪 0～0.55 肉禽 0～0.45 蛋禽 0～0.4 牛 0～0.38 羊 0～0.38 淡水鱼 0～0.6 （以P元素计）	—	水产饲料中磷的使用应该充分分考虑避免水体污染，符合相关标准
	磷酸二氢钙	$Ca(H_2PO_4)_2 \cdot H_2O$	化学制备	—	P ≥ 22.0 Ca ≥ 13.0				
	磷酸三钙	$Ca_3(PO_4)_2$	化学制备	—	P ≥ 17.6 Ca ≥ 34.0				

续表

常量元素	化合物通用名称	化学式或描述	来源	含量规格（%）		适用养殖动物	在配合饲料或全混合日粮中的推荐添加量（%）	在配合饲料或全混合日粮中的最高限量（%）	其他要求
				以化合物计	以元素计				
镁：来自以下化合物	氧化镁	MgO	化学制备	≥ 96.5	Mg ≥ 57.9		泌乳牛羊 0 ~ 0.5（以 MgO 计）	泌乳牛羊 1（以 MgO 计）	—
	氯化镁	MgCl₂·6H₂O	化学制备	≥ 98.0	Mg ≥ 11.6 Cl ≥ 34.3		猪 0 ~ 0.04 家禽 0 ~ 0.06 牛 0 ~ 0.4 羊 0 ~ 0.2	猪 0.3 家禽 0.3 牛 0.5 羊 0.5	镁有致泻作用，大剂量使用时会导致镁腹泻，注意镁和钾的比例
	硫酸镁	MgSO₄·H₂O MgSO₄·7H₂O	化学制备或从苦卤中提取	≥ 99.0 ≥ 99.0	Mg ≥ 17.2 S ≥ 22.9 Mg ≥ 9.6 S ≥ 12.8		淡水鱼 0 ~ 0.06（以 Mg 元素计）	（以 Mg 元素计）	—

附录五　饲料药物添加剂使用规范

表1　饲料药物添加剂（一）

名称	有效成分	含量规格	适用动物	用法与用量	作用与用途	注意	商品名称
二硝托胺预混剂	二硝托胺	每1 000g中含二硝托胺250g	鸡	混饲。每1 000kg饲料添加本品500g	用于禽球虫病	蛋鸡产蛋期禁用；休药期3d	
马杜霉素铵预混剂	马杜霉素铵	每1 000g中含马杜霉素10g	鸡	混饲。每1 000kg饲料添加本品500g	用于鸡球虫病	蛋鸡产蛋期禁用；不得用于其他动物；在无球虫病时，含6mg/kg以上马杜霉素铵盐的饲料对生长有明显抑制作用，也不改善饲料报酬；休药期5d	加福、抗球王
尼卡巴嗪预混剂	尼卡巴嗪	每1 000g中含尼卡巴嗪200g	鸡	混饲。每1 000kg饲料添加本品100～125g	用于鸡球虫病	蛋鸡产蛋期禁用；高温季节慎用；休药期4d	杀球宁

续表

名称	有效成分	含量规格	适用动物	用法与用量	作用与用途	注意	商品名称
尼卡巴氧嗪、乙氧酰胺苯甲酯预混剂	尼卡巴嗪和乙氧酰胺苯甲酯	每1 000g中含尼卡巴嗪250g和乙氧酰胺苯甲酯16g	鸡	混饲。每1 000kg饲料加本品500g	用于鸡球虫病	蛋鸡产蛋期和种鸡禁用；高温季节慎用；休药期9d	球净
甲基盐霉素、尼卡巴嗪预混剂	甲基盐霉素、尼卡巴嗪	每1 000g中含甲基盐霉素80g和尼卡巴嗪80g	鸡	混饲。每1 000kg饲料添加本品310~560g	用于鸡球虫病	蛋鸡产蛋期禁用；马属动物忌用；禁止与泰妙菌素、竹桃霉素并用；高温季节慎用；休药期5d	猛安
甲基盐霉素预混剂	甲基盐霉素	每1 000g中含甲基盐霉素100g	鸡	混饲。每1 000kg饲料添加本品600~800g	用于鸡球虫病	蛋鸡产蛋期禁用；马属动物禁用；禁止与泰妙菌素、竹桃霉素并用；防止与人眼接触；休药期5d	禽安
拉沙洛西钠预混剂	拉沙洛西钠	每1 000g中含拉沙洛西150g或450g	鸡	混饲。每1 000kg饲料添加75~125g（以有效成分计）	用于鸡球虫病	马属动物禁用；休药期3d	球安

续表

名称	有效成分	含量规格	适用动物	用法与用量	作用与用途	注意	商品名称
氢溴酸常山酮预混剂	氢溴酸常山酮	每1 000g中含氢溴酸常山酮6g	鸡	混饲。每1 000kg饲料添加本品500g	用于防治鸡球虫病	蛋鸡产蛋期禁用；休药期5d	速丹
盐酸氯苯胍预混剂	盐酸氯苯胍	每1 000g中含盐酸氯苯胍100g	鸡、兔	混饲。每1 000kg饲料添加本品，鸡300~600g，兔1000~1500g	用于鸡、兔球虫病	蛋鸡产蛋期禁用。休药期鸡5d，兔7d	
盐酸氨丙啉、乙氧酰胺苯甲酯预混剂	盐酸氨丙啉和乙氧酰胺苯甲酯	每1 000g中含盐酸氨丙啉250g和乙氧酰胺苯甲酯16g	家禽	混饲。每1 000kg饲料添加本品500g	用于禽球虫病	蛋鸡产蛋期禁用；每1 000kg饲料中维生素B_1大于10g时明显拮抗；休药期3d	加强安保乐
盐酸氨丙啉、乙氧酰胺苯甲酯、磺胺喹噁啉预混剂	盐酸氨丙啉、乙氧酰胺苯甲酯和磺胺喹噁啉	每1 000g中含盐酸氨丙啉200g、乙氧酰胺苯甲酯10g和磺胺喹噁啉120g	家禽	混饲。每1 000kg饲料添加本品500g	用于禽球虫病	蛋鸡产蛋期禁用；每1 000kg饲料中维生素B_1大于10g时明显拮抗；休药期7d	百球清

续表

名称	有效成分	含量规格	适用动物	用法与用量	作用与用途	注意	商品名称
氯羟吡啶预混剂	氯羟吡啶	每1 000g中含氯羟吡啶250g	家禽、兔	混饲。每1 000kg饲料添加本品，鸡500g，兔800g	用于畜禽、兔球虫病	蛋鸡产蛋期禁用；休药期5 d	
海南霉素钠预混剂	海南霉素钠	每1 000g中含海南霉素钠10g	鸡	混饲。每1 000kg饲料添加本品500～750g	用于鸡球虫病	蛋鸡产蛋期禁用；休药期7 d	
赛杜霉素钠预混剂	赛杜霉素钠	每1 000kg中含赛杜霉素钠50g	鸡	混饲。每1 000kg饲料添加本品500g	用于鸡球虫病	蛋鸡产蛋期禁用；休药期5 d	禽旺
地克珠利预混剂	地克珠利	每1 000g中含地克珠利2g或5g	畜禽	混饲。每1 000kg饲料添加1g（以有效成分计）	用于畜禽球虫病	蛋鸡产蛋期禁用	

续表

名称	有效成分	含量规格	适用动物	用法与用量	作用与用途	注意	商品名称
复方硝基酚钠预混剂	邻硝基苯酚钠、对硝基苯酚钠、5-硝基苯酚钠、硝基愈创木酚钠、磷酸氢钙和硫酸镁	每1 000g中含邻硝基苯酚钠0.6g，对硝基苯酚钠0.9g，5-硝基愈创木酚钠0.3g，磷酸氢钙898.2g和硫酸镁100g	虾、蟹	混饲。每1 000kg饲料添加本品5～10kg	主用于虾、蟹等甲壳类动物的促生长	休药期7 d	爱多收
氨苯胂酸预混剂	氨苯胂酸	每1 000g中含氨苯胂酸100g	猪、鸡	混饲。每1 000kg饲料添加本品1 000g	用于促进猪、鸡生长	蛋鸡产蛋期禁用；休药期5 d	
洛克沙胂预混剂	洛克沙胂	每1 000g中含洛克沙胂50g或100g	猪、鸡	混饲。每1 000kg饲料添加本品50g（以有效成分计）	用于促进猪、鸡生长	蛋鸡产蛋期禁用；休药期5 d	

续表

名称	有效成分	含量规格	适用动物	用法与用量	作用与用途	注意	商品名称
莫能菌素钠预混剂	莫能菌素钠	每 1 000g 中含莫能菌素 50g 或 100g 或 200g	牛、鸡	混饲。鸡，每 1 000kg 饲料添加 90 ~ 110g；肉牛，每头每天 200 ~ 360mg。以上均以有效成分计	用于鸡球虫病和肉牛促生长	蛋鸡产蛋期禁用；泌乳期的奶牛及马属动物禁用；禁止与泰妙菌素、竹桃霉素并用；搅拌配料时禁止与人的皮肤、眼睛接触；休药期 5 d	瘤胃素、欲可胖
杆菌肽锌预混剂	杆菌肽锌	每 1 000g 中含杆菌肽 100g 或 150g	牛、猪、禽	混饲。每 1 000kg 饲料添加，犊牛 10 ~ 100g（3 月龄以下），4 ~ 40g（6 月龄以下），猪以 4 ~ 40g（4 月龄以下），鸡 4 ~ 40g（16 周龄以下）。以上均以有效成分计	用于促进畜禽生长	休药期 0 d	

续表

名称	有效成分	含量规格	适用动物	用法与用量	作用与用途	注意	商品名称
黄霉素预混剂	黄霉素	每1 000g中含黄霉素40g或80g	牛、猪、鸡	混饲。每1 000kg饲料添加,仔猪生长、育肥猪10～25g,肉鸡5g,肉牛每头每天5g。30～50mg。以上均以有效成分计	用于促进畜禽生长	休药期0 d	富乐旺
维吉尼亚霉素预混剂	维吉尼亚霉素	每1 000g中含维吉尼亚霉素500g	猪、鸡	混饲。每1 000kg饲料添加本品,猪20～50g,鸡10～40g	用于促进畜禽生长	休药期1 d	速大肥
喹乙醇预混剂	喹乙醇	每1 000g中含喹乙醇50g	猪	混饲。每1 000kg饲料添加本品1 000～2 000g	用于猪促生长	禁用于禽;禁用于猪的猪;体重超过35 kg的猪;休药期35 d	
那西肽预混剂	那西肽	每1 000g中含那西肽2.5g	鸡	混饲。每1 000kg饲料添加本品1 000g	用于鸡促生长	休药期3 d	

续表

名称	有效成分	含量规格	适用动物	用法与用量	作用与用途	注意	商品名称
阿美拉霉素预混剂	阿美拉霉素	每1 000g 中含阿美拉霉素 100g	猪、鸡	混饲。每1 000kg 饲料添加本品，猪200～400g（4 月龄以内），100～200g（4～6 月龄），肉鸡50～100g	用于猪和肉鸡的促生长	休药期0 d	效美素
盐霉素钠预混剂	盐霉素钠	每1 000g 中含盐霉素50 g 或60g 或100g 或120g 或450g 或500g	牛、猪、鸡	混饲。每1000kg 饲料添加，鸡50～70g；猪25～75g；牛10～30g。以上均以有效成分计	用于鸡鸡球虫病和促进畜禽生长	蛋鸡产蛋期禁用；马属动物禁用；禁止与泰妙菌素、竹桃霉素并用；休药期5 d	优素精、赛可喜
牛至油预混剂	5-甲基-2-异丙基苯酚和2-甲基-5-异丙基苯酚	每1 000g 中含5-甲基-2-异丙基苯酚2-甲基-5-异丙基苯酚25g	猪、鸡	混饲。每1 000kg 饲料添加本品，用于预防疾病，猪500～700g，鸡450g；用于治疗疾病，猪1 000～1 300g，鸡900g；用于促生长，连用7天，猪、鸡50～500g	用于预防及治疗猪、鸡大肠杆菌、沙门氏菌所致的下痢，促进畜禽生长		诺必达

续表

名称	有效成分	含量规格	适用动物	用法与用量	作用与用途	注意	商品名称
吉它霉素预混剂	吉他霉素	每1 000g 中含吉他霉素22g 或110g 或550g 或950g	猪、鸡	混饲。每1 000kg 饲料添加,用于促生长,猪5～55g,鸡5～11g;用于防治疾病,猪80～330g,鸡100～330g。连用5～7d。以上均以有效成分计	用于防治慢性呼吸系统疾病,也用于促进畜禽生长	蛋鸡产蛋期禁用;休药期7 d	
土霉素钙预混剂	土霉素钙	每1 000g 中含土霉素钙50g 或100g 或200g	猪、鸡	混饲。每1 000kg 饲料添加,猪10～50g(4 月龄以内),鸡10～50g(10 周龄以内)。以上均以有效成分计	抗生素类药。对革兰阳性菌和阴性菌均有抑制作用,用于促进猪、鸡生长	蛋鸡产蛋期禁用;添加于饲料(饲料中钙含量低于0.18%～0.55%)时,连续用药不超过5 d	

续表

名称	有效成分	含量规格	适用动物	用法与用量	作用与用途	注意	商品名称
金霉素预混剂	金霉素	每1 000g中含金霉素100g或150g	猪、鸡	混饲。每1 000kg饲料添加，猪25～75g（4月龄以内），鸡20～50g（10周龄以内）。以上均以有效成分计	对革兰阳性菌和阴性菌均有抑制作用，用于促进猪、鸡生长	蛋鸡产蛋期禁用；休药期7d	
恩拉霉素预混剂	恩拉霉素	每1 000g中含恩拉霉素40g或80g	猪、鸡	混饲。每1 000kg饲料添加，猪2.5～20g，鸡1～10g。以上均以有效成分计	对革兰阳性菌有抑制作用，用于促进猪、鸡生长	蛋鸡产蛋期禁用；休药期7d	

注：中华人民共和国农业部第2428号公告规定，硫酸黏菌素预混剂和硫酸黏菌素预混剂（发酵）批准文号的兽药生产企业应于2016年11月1日前将批准文号统一将"兽药添字"更换为"兽药字"。2016年10月31日（含）前生产的产品，可在2017年4月30日前继续流通使用。2016年11月1日起生产的产品，应使用新的产品标签和说明书。

表 2　饲料药物添加剂（二）

名称	有效成分	含量规格	适用动物	作用与用途	用法与用量	注意
磺胺喹噁啉、二甲氧苄啶预混剂	磺胺喹噁啉和二甲氧苄啶	每1 000g 中含磺胺喹噁啉 200g 和二甲氧苄啶 40g	鸡	用于禽球虫病	混饲。每1 000kg 饲料添加本品 500g	连续用药不得超过 5 d；蛋鸡产蛋期禁用；休药期 10 d
越霉素 A 预混剂	越霉素 A	每1 000g 中含越霉素 A 20g 或 50g 或 500g	猪、鸡	主用于猪蛔虫病、鞭虫病及鸡蛔虫病	混饲。每1 000kg 饲料添加 5～10g（以有效成分计），连用 8 周	蛋鸡产蛋期禁用；休药期，猪 15 d，鸡 3 d
潮霉素 B 预混剂	潮霉素 B	每1 000g 中含潮霉素 B 17.6g	猪、鸡	用于驱除猪蛔虫、鞭虫及鸡蛔虫	混饲。每1 000g 饲料添加，猪 10～13g，育成猪连用 8 周至 8 周，母猪产前 8 周，鸡 8～12g，连用 8 周，以上均以有效成分计	蛋鸡产蛋期禁用；避免与人皮肤、眼睛接触；休药期猪 15 d，鸡 3 d

续表

名称	有效成分	含量规格	适用动物	作用与用途	用法与用量	注意
地美硝唑预混剂	地美硝唑	每1 000g中含地美硝唑 200g	猪、鸡	用于猪密螺旋体性痢疾和禽组织滴虫病	混饲。每1 000kg饲料添加本品，猪1 000～2 500g，鸡400～2 500g	蛋鸡产蛋期禁用；鸡连续用药不得超过10d；休药期超猪3 d，鸡3 d
磷酸泰乐菌素预混剂	磷酸泰乐菌素	每1 000g中含泰乐菌素 20g 或 88g 或 100g 或 220g	猪、鸡	主用于畜禽细菌及支原体感染	混饲。每1 000kg饲料添加，猪10～100g，鸡4～50g以上均以有效成分计，连用5～7 d	休药期5 d
硫酸安普霉素预混剂	硫酸安普霉素	每1 000g中含安普霉素 20g 或 30g 或 100g 或 165g	猪	用于畜禽肠道革兰阴性菌感染	混饲。每1 000kg饲料添加 80～100g（以有效成分计），连用7 d	接触本品时，需戴手套及防尘面罩；休药期21 d
盐酸林可霉素预混剂	盐酸林可霉素	每1 000g中含林可霉素 8.8g 或 110g	猪、禽	用于畜禽革兰阳性菌感染，也可用于猪密螺旋体、弓形虫感染	混饲。每1 000kg饲料添加，猪44～77g，鸡2.2～4.4g，连用7～21 d。以上均以有效成分计	蛋鸡产蛋期禁用；禁止家兔、马或反刍动物接近含有林可霉素的饲料；休药期5 d

续表

名称	有效成分	含量规格	适用动物	作用与用途	用法与用量	注意
赛地卡霉素预混剂	赛地卡霉素	每1 000g中含赛地卡霉素10g或20g或50g	猪	主用于治疗猪密螺旋体引起的血痢	混饲。每1 000kg饲料添加75g（以有效成分计），连用15 d	休药期1 d
伊维菌素预混剂	伊维菌素	每1 000g中含伊维菌素6g	猪	对线虫、昆虫和螨均有驱杀活性，主要用于治疗猪的胃肠道线虫病和疥螨病	混饲。每1 000kg饲料添加330g，连用7 d	休药期5 d
呋喃苯烯酸钠粉	呋喃苯烯酸钠	每1 000g中含呋喃苯烯酸钠100g	鱼	用于鲈目鱼类的类结节菌及鲽目鱼的滑行细菌的感染	混饲。每1kg体重，鲈目鱼类每日用本品0.5g，连用3～10 d	休药期2 d
延胡索酸泰妙菌素预混剂	延胡索酸泰妙菌素	每1 000g中含延胡索酸泰妙菌素100g或800g	猪	用于猪支原体肺炎和嗜血杆菌胸膜性肺炎，也可用于猪密螺旋体引起的痢疾	混饲。每1 000kg饲料添加40～100g（以有效成分计），连用5～10 d	避免接触眼及皮肤；禁止莫能菌素、盐霉素等聚醚类抗生素混合使用；休药期5 d

续表

名称	有效成分	含量规格	适用动物	作用与用途	用法与用量	注意
环丙氨嗪预混剂	环丙氨嗪	每 1 000g 中含环丙氨嗪 10g	鸡	用于控制动物厩舍内蝇幼虫的繁殖	混饲。每 1 000kg 饲料添加本品 500g，连用 4 ~ 6 周	避免儿童接触
氟苯咪唑预混剂	氟苯咪唑	每 1 000g 中含氟苯咪唑 50g 或 500g	猪、鸡	用于驱除畜禽胃肠道线虫及及绦虫	混饲。猪 30g，鸡 30 g，连用 5 ~ 10d；连用 4 ~ 7 d。以上均以有效成分计。	休药期 14 d
复方磺胺嘧啶预混剂	磺胺嘧啶和甲氧苄啶	每 1 000g 中含磺胺嘧啶 125g 和甲氧苄啶 25g	猪、鸡	用于链球菌、葡萄球菌、肺炎球菌、巴氏杆菌、大肠杆菌和李氏杆菌等感染	混饲。每 1kg 体重，每日添加本品，猪 0.1 ~ 0.2g，鸡 0.17 ~ 0.2g，连用 5 天；连用 10 d	蛋鸡产蛋期禁用；休药期猪 5 d，鸡 1 d
盐酸林可霉素、硫酸大观霉素预混剂	盐酸林可霉素和硫酸大观霉素	每 1 000g 中含盐酸林可霉素 22g 和硫酸大观霉素 22g	猪	用于防治猪赤痢、沙门氏菌病、大肠杆菌肠炎及支原体肺炎	混饲。每 1 000kg 饲料添加本品 1 000g，连用 7 ~ 21 d	休药期 5 d

续表

名称	有效成分	含量规格	适用动物	作用与用途	用法与用量	注意
硫酸新霉素预混剂	硫酸新霉素	每1 000g中含硫酸新霉素 154g	猪、鸡	用于治疗畜禽的葡萄球菌、痢疾杆菌、大肠杆菌、变形杆菌感染引起的肠炎	混饲。每1 000kg饲料添加本品, 猪、鸡 500～1 000g, 连用 3～5 d	蛋鸡产蛋期禁用; 休药期猪 3 d, 鸡 5 d
磷酸替米考星预混剂	磷酸替米考星	每1 000g中含磷酸替米考星 200g	猪	主用于治疗猪胸膜肺炎放线杆菌、巴氏杆菌及支原体引起的感染	混饲。每1 000kg饲料添加本品 2 000g, 连用 15 d	休药期 14 d
磷酸泰乐菌素、磺胺二甲嘧啶二甲氧苄啶预混剂	磷酸泰乐菌素和磺胺二甲嘧啶	每1 000g中含泰乐菌素 22g 和磺胺二甲嘧啶 22g, 磷酸泰乐菌素 88g 和磺胺二甲嘧啶 88g 或磷酸泰乐菌素 100g 和磺胺二甲嘧啶 100g	猪	用于预防猪痢疾, 用于畜禽细菌及支原体感染	混饲。每1 000kg饲料添加本品 200g(100g 泰乐菌素+100g 磺胺二甲嘧啶), 连用 5～7 d	休药期 15 d

续表

名称	有效成分	含量规格	适用动物	作用与用途	用法与用量	注意
甲砜霉素散	甲砜霉素	每 1 000g 中含甲砜霉素 50g	鱼	用于治疗鱼类由嗜水气单孢菌、肠炎等引起的细菌性败血症、肠炎、赤皮病等	混饲。每 150kg 鱼加本品 1 000g，连用 3 ~ 4 d，预防量减半	休药期香鱼 21 d，虹鳟鱼 21 d，鲤鱼 25 d，其他鱼类 16 d；鳗鱼食用本品时，食用前 25 日间，鳗鱼饲育水日交换率平均应在 50% 以上
维生素 C磷酸酯镁、盐酸环丙沙星预混剂	维生素 C磷酸酯镁和盐酸环丙沙星	每 1 000g 中含维生素 C磷酸酯镁 100g 和盐酸环丙沙星 10g	鳖	用于预防细菌性疾病	混饲。每 1 000kg 饲料添加本品 5kg，连用 3 ~ 5 d	
盐酸环丙沙星、盐酸小檗碱预混剂	盐酸环丙沙星和盐酸小檗碱	每 1 000g 中含盐酸环丙沙星 100g 和盐酸小檗碱 40g	鳗鱼	用于治疗鳗鱼细菌性疾病	混饲。每 1 000kg 饲料添加本品 15kg，连用 3 ~ 4 d	

续表

名称	有效成分	含量规格	适用动物	作用与用途	用法与用量	注意
噁喹酸散	噁喹酸	每1 000g中含噁喹酸50g或100g	鱼、虾	用于治疗鱼、虾的细菌性疾病	混饲。每1kg体重，每日添加按有效成分计，鱼类：鲈鱼目鱼类、类结节病0.01～0.3g，连用5～7d。鲥鱼目鱼类、疖病0.05～0.1g，连用5～7d。孤菌病0.05～0.2g，连用3～5d，香鱼、孤菌病用3～5d，连用3～7d。鲤鱼目类、肠炎病0.05～0.2g，连用5～7d。鳗鲡鱼类、赤鳍病0.05～0.2g，连用4～6d：赤点病0.01～0.05g，连用3～5d；贯扬病0.2g，连用5d。对虾类：对虾，孤菌病0.06g，连用5d	
磺胺氯吡嗪钠可溶性粉	磺胺氯吡嗪钠	每1 000g中含磺胺氯吡嗪钠300g	肉鸡、火鸡、兔	用于鸡、兔球虫病（盲肠球虫）	混饲。每1 000kg同料添加肉鸡、火鸡600mg连用3d，兔600 mg连用15 d（以有效成分计）	休药期鸡4 d，火鸡1 d，产蛋期肉鸡禁用

注：中华人民共和国农业部第2292号公告规定，2015年12月31日前生产的洛美沙星、培氟沙星、氧氟沙星、诺氟沙星，可以在2016年12月31日前流通使用。自2016年12月31日起，停止经营、使用用于食品动物的洛美沙星、培氟沙星、氧氟沙星、诺氟沙星4种原料药的各种盐、酯及其各种制剂。

附录六 饲料标准目录

表1 安全限量标准

序号	标准编号	年份	标准名称
1	GB 13078—2017	2017	饲料卫生标准
2	GB 14924.1—2001	2001	实验动物 配合饲料通用质量标准
3	GB 14924.2—2001	2001	实验动物 配合饲料卫生标准
4	NY 5072—2002	2002	无公害食品 渔用配合饲料安全限量

表2 基础规范类标准

序号	标准编号	年份	标准名称
1	SBJ 05—1993	1993	饲料厂工程设计规范
2	GB/T 16765—1997	1997	颗粒饲料通用技术条件
3	SC/T 1077—2004	2004	渔用配合饲料通用技术要求
4	NY/T 932—2005	2005	饲料企业 HACCP 管理通则
5	GB/T 16764—2006	2006	配合饲料企业卫生规范
6	GB/T 20803—2006	2006	饲料配料系统通用技术规范
7	NY 5032—2006	2006	无公害食品 畜禽饲料和饲料添加剂使用准则
8	GB/T 10647—2008	2008	饲料工业术语
9	GB 19081—2008	2008	饲料加工系统粉尘防爆安全规程
10	GB/T 23184—2008	2008	饲料企业 HACCP 安全管理体系指南

续表

序号	标准编号	年份	标准名称
11	GB/T 22005—2009	2009	饲料和食品链的可追溯性 体系设计与实施的通用原则和基本要求
12	GB/T 24352—2009	2009	饲料加工设备图形符号
13	GB/T 23491—2009	2009	饲料企业生产工艺及设备验收指南
14	NY/T 471—2010	2010	绿色食品 畜禽饲料及饲料添加剂使用准则
15	GB/T 18823—2010	2010	饲料检测结果判定的允许误差
16	NY/T 2112—2011	2011	绿色食品 渔业饲料及饲料添加剂使用准则
17	GB/T 18695—2012	2012	饲料加工设备 术语
18	GB 10648—2013	2013	饲料标签
19	CCAA 0014—2014	2014	食品安全管理体系 食品及饲料添加剂生产企业要求
20	CCAA 0002—2014	2014	食品安全管理体系 饲料加工企业要求

表 3　检测方法

序号	标准编号	年份	标准名称
1	GB/T 13082—1991	1991	饲料中镉的测定方法
2	GB/T 13087—1991	1991	饲料中异硫氰酸酯的测定方法
3	GB/T 13086—1991	1991	饲料中游离棉酚的测定方法
4	GB/T 13089—1991	1991	饲料中唑烷硫酮的测定方法
5	GB/T 6432—1994	1994	饲料中粗蛋白测定方法
6	GB/T 15399—1994	1994	饲料中含硫氨基酸测定方法 离子交换色谱法

续表

序号	标准编号	年份	标准名称
7	GB/T 15400—1994	1994	饲料中色氨酸测定方法分光光度法
8	LY/T 1176—1995	1995	粉状松针膏饲料添加剂的试验方法
9	SB/T 10274—1996	1996	饲料显微镜检查图谱
10	GB/T 17813—1999	1999	复合预混料中烟酸、叶酸的测定高效液相色谱法
11	SN/T 0800.3—1999	1999	进出口粮食、饲料粗蛋白检验方法
12	SN/T 0800.8—1999	1999	进出口粮食、饲料粗纤维含量检验方法
13	SN/T 0800.2—1999	1999	进出口粮食、饲料粗脂肪检验方法
14	SN/T 0800.9—1999	1999	进出口粮食、饲料单宁质含量检验方法
15	SN/T 0800.14—1999	1999	进出口粮食、饲料发芽势、发芽率检验方法
16	SN/T 0800.18—1999	1999	进出口粮食、饲料杂质检验方法
17	GB/T 17815—1999	1999	饲料中丙酸、丙酸盐的测定
18	GB/T 17776—1999	1999	饲料中硫的测定 硝酸镁法
19	GB/T 17816—1999	1999	饲料中总抗坏血酸的测定 邻苯二胺荧光法
20	GB/T 17819—1999	1999	维生素预混料中维生素 B_{12} 的测定 高效液相色谱法
21	SN/T 0848—2000	2000	进出口骨肉粉中磷的测定方法
22	SN/T 0861—2000	2000	进出口鱼粉中乙氧三甲喹啉的测定方法
23	GB/T 18246—2000	2000	饲料中氨基酸的测定
24	GB/T 14924.9—2001	2001	实验动物 配合饲料 常规营养成分的测定
25	GB/T 14924.12—2001	2001	实验动物 配合饲料 矿物质和微量元素的测定

续表

序号	标准编号	年份	标准名称
26	GB/T 14924.11—2001	2001	实验动物 配合饲料 维生素的测定
27	NY 438—2001	2001	饲料中盐酸克仑特罗的测定
28	GB/T 14698—2002	2002	饲料显微镜检查方法
29	GB/T 18869—2002	2002	饲料中大肠菌群的测定
30	GB/T 13083—2002	2002	饲料中氟的测定 离子选择性电极法
31	GB/T 6436—2002	2002	饲料中钙的测定
32	GB/T 18633—2002	2002	饲料中钾的测定 火焰光度法
33	GB/T 13091—2002	2002	饲料中沙门氏菌的检测方法
34	GB/T 18868—2002	2002	饲料中水分、粗蛋白质、粗纤维、粗脂肪、赖氨酸、蛋氨酸快 速测定 近红外光谱法
35	GB/T 14701—2002	2002	饲料中维生素 B_2 的测定
36	GB/T 14700—2002	2002	饲料中维生素 B_1 的测定
37	GB/T 14702—2002	2002	饲料中维生素 B_6 的测定 高效液相色谱法
38	GB/T 18872—2002	2002	饲料中维生素 K_3 的测定 高效液相色谱法
39	GB/T 6437—2002	2002	饲料中总磷的测定 分光光度法
40	GB/T 13885—2003	2003	动物饲料中钙、铜、铁、镁、锰、钾、钠和锌含量的测定 原子吸收光谱法
41	GB/T 19373—2003	2003	饲料中氨基甲酸酯类农药残留量测定 气相色谱法
42	GB/T 19372—2003	2003	饲料中除虫菊酯类农药残留量测定 气相色谱法
43	NY/T 727—2003	2003	饲料中呋喃唑酮的测定 高效液相色谱法
44	NY/T 726—2003	2003	饲料中杆菌肽锌的测定 高效液相色谱法
45	GB/T 13884—2003	2003	饲料中钴的测定 原子吸收光谱法

续表

序号	标准编号	年份	标准名称
46	NY/T 724—2003	2003	饲料中拉沙洛西钠的测定 高效液相色谱法
47	NY/T 725—2003	2003	饲料中莫能菌素的测定 高效液相色谱法
48	GB/T 19423—2003	2003	饲料中尼卡巴嗪的测定 高效液相色谱法
49	GB/T 18969—2003	2003	饲料中有机磷农药残留量的测定 气相色谱法
50	GB/T 14699.1—2004	2004	饲料采样
51	NY/T 911—2004	2004	饲料添加剂 β- 葡聚酶活力的测定 分光光度法
52	NY/T 912—2004	2004	饲料添加剂纤维素酶活力的测定 分光光度法
53	NY/T 919—2004	2004	饲料中苯并 (α) 芘的测定 高效液相色谱法
54	NY/T 918—2004	2004	饲料中雌二醇的测定 高效液相色谱法
55	GB/T 13080—2004	2004	饲料中铅的测定 原子吸收光谱法
56	NY/T 914—2004	2004	饲料中氢化可的松的测定 高效液相色谱法
57	NY/T 910—2004	2004	饲料中盐酸氯苯胍的测定 高效液相色谱法
58	GB/T 19540—2004	2004	饲料中玉米赤霉烯酮的测定
59	GB/T 19539—2004	2004	饲料中赭曲霉毒素 A 的测定
60	GB/T 8381.4—2005	2005	配合饲料中 T-2 毒素的测定 薄层色谱法
61	GB/T 8381.6—2005	2005	配合饲料中脱氧雪腐镰刀菌烯醇的测定 薄层色谱法
62	GB/T 13080.2—2005	2005	饲料添加剂蛋氨酸铁（铜、锰、锌）螯合率的测定 凝胶过色谱法
63	GB/T 8381.5—2005	2005	饲料中北里霉素的测定

续表

序号	标准编号	年份	标准名称
64	NY/T 934—2005	2005	饲料中地西泮的测定 高效液相色谱法
65	GB/T 8381.8—2005	2005	饲料中多氯联苯的测定 气相色谱法
66	NY/T 936—2005	2005	饲料中二甲硝咪唑的测定 高效液相色谱法
67	GB/T 8381.10—2005	2005	饲料中磺胺喹噁啉的测定 高效液相色谱法
68	GB/T 19684—2005	2005	饲料中金霉素的测定 高效液相色谱法
69	GB/T 8381.3—2005	2005	饲料中林可霉素的测定
70	GB/T 8381.9—2005	2005	饲料中氯霉素的测定 气相色谱法
71	NY/T 937—2005	2005	饲料中西马特罗的测定 高效液相色谱法
72	GB/T 13085—2005	2005	饲料中亚硝酸盐的测定 比色法
73	GB/T 8381.11—2005	2005	饲料中盐酸氨丙啉的测定 高效液相色谱法
74	GB/T 8381.2—2005	2005	饲料中志贺氏菌的检测方法
75	GB/T 17778—2005	2005	预混合饲料中 $d-$ 生物素的测定
76	GB/T 8622—2006	2006	饲料用大豆制品中尿素酶活性的测定
77	GB/T 20363—2006	2006	饲料中苯巴比妥的测定
78	GB/T 6434—2006	2006	饲料中粗纤维的含量测定 过滤法
79	GB/T 6433—2006	2006	饲料中粗脂肪的测定

续表

序号	标准编号	年份	标准名称
80	NY/T 1032—2006	2006	饲料中胆固醇的测定 气相色谱法
81	农业部783号公告—6—2006	2006	饲料中碘化酪蛋白的测定 液相色谱质谱联用
82	GB/T 20194—2006	2006	饲料中淀粉含量的测定 旋光法
83	农业部783号公告—5—2006	2006	饲料中二硝托胺的测定 高效液相色谱法
84	GB/T 13088—2006	2006	饲料中铬的测定
85	GB/T 13081—2006	2006	饲料中汞的测定
86	GB/T 20189—2006	2006	饲料中莱克多巴胺的测定 高效液相色谱法
87	GB/T 13090—2006	2006	饲料中六六六、滴滴涕的测定
88	GB/T 13092—2006	2006	饲料中霉菌总数的测定
89	GB/T 20190—2006	2006	饲料中牛羊源性成分的定性检测 定性聚合酶链式反应（PCR）法
90	GB/T 13084—2006	2006	饲料中氰化物的测定
91	NY/T 1030—2006	2006	饲料中沙丁胺醇的测定 气相色谱/质谱法
92	GB/T 20191—2006	2006	饲料中嗜酸乳杆菌的微生物学检验
93	GB/T 20805—2006	2006	饲料中酸性洗涤木质素(ADL)的测定
94	农业部783号公告—4—2006	2006	饲料中替米考星的测定 高效液相色谱法

续表

序号	标准编号	年份	标准名称
95	NY/T 1033—2006	2006	饲料中西马特罗的测定 气相色谱／质谱法
96	GB/T 13093—2006	2006	饲料中细菌总数的测定
97	GB/T 20196—2006	2006	饲料中盐霉素的测定
98	GB/T 20806—2006	2006	饲料中中性洗涤纤维 (NDF) 的测定
99	GB/T 13079—2006	2006	饲料中总砷的测定
100	GB/T 21103—2007	2007	动物源性饲料中哺乳动物源性成分定性检测方法 实时荧光 PCR 方法
101	GB/T 21104—2007	2007	动物源性饲料中反刍动物源性成分（牛、羊、鹿）定性检测方法 PCR 方法
102	GB/T 21105—2007	2007	动物源性饲料中狗源性成分定性检测方法 PCR 方法
103	GB/T 21106—2007	2007	动物源性饲料中鹿源性成分定性检测方法 PCR 方法
104	GB/T 21100—2007	2007	动物源性饲料中骆驼源性成分定性检测方法 PCR 方法
105	GB/T 21107—2007	2007	动物源性饲料中马、驴源性成分定性检测方法 PCR 方法
106	GB/T 21102—2007	2007	动物源性饲料中兔源性成分定性检测方法 实时荧光 PCR 方法
107	GB/T 21101—2007	2007	动物源性饲料中猪源性成分定性检测方法 PCR 方法
108	NY/T 1463—2007	2007	饲料中安眠酮的测定 高效液相色谱法
109	GB/T 6438—2007	2007	饲料中粗灰分的测定

续表

序号	标准编号	年份	标准名称
110	GB/T 19371.2—2007	2007	饲料中蛋氨酸羟基类似物的测定 高效液相色谱法
111	NY/T 1457—2007	2007	饲料中氟哌酸的测定 高效液相色谱法
112	GB/T 19542—2007	2007	饲料中磺胺类药物的测定 高效液相色谱法
113	GB/T 21108—2007	2007	饲料中氯霉素的测定 高效液相色谱串联质谱法
114	GB/T 21033—2007	2007	饲料中免疫球蛋白 IgG 的测定 高效液相色谱法
115	GB/T 21037—2007	2007	饲料中三甲氧苄胺嘧啶的测定 高效液相色谱法
116	NY/T 1372—2007	2007	饲料中三聚氰胺的测定
117	GB/T 6439—2007	2007	饲料中水溶性氯化物的测定
118	NY/T 1258—2007	2007	饲料中苏丹红染料的测定 高效液相色谱法
119	NY/T 1459—2007	2007	饲料中酸性洗涤纤维的测定
120	GB/T 21036—2007	2007	饲料中盐酸多巴胺的测定 高效液相色谱法
121	NY/T 1460—2007	2007	饲料中盐酸克仑特罗的测定 酶联免疫吸附法
122	NY/T 1458—2007	2007	饲料中盐酸异丙嗪、盐酸氯丙嗪、地西泮、盐酸硫利达嗪和奋 乃静的同步测定 高效液相色谱法和液相色谱质谱联用法
123	NY/T 1345—2007	2007	添加剂预混合饲料中肌醇的测定
124	GB/T 17811—2008	2008	动物性蛋白质饲料胃蛋白酶消化率的测定 过滤法

续表

序号	标准编号	年份	标准名称
125	GB/T 5918—2008	2008	饲料产品混合均匀度的测定
126	GB/T 5917.1—2008	2008	饲料粉碎粒度测定 两层筛筛分法
127	农业部 1068 号公告－ 3—2008	2008	饲料中 10 种蛋白质同化激素的测定 液相色谱－串联质谱法
128	农业部 1063 号公告－ 6—2008	2008	饲料中 13 种 $\beta-$ 受体激动剂的测定 液相色谱－串联质谱法
129	农业部 1068 号公告－ 2—2008	2008	饲料中 5 种糖皮质激素的测定 高效液相色谱法
130	农业部 1063 号公告－ 7—2008	2008	饲料中 8 种 $\beta-$ 受体激动剂的测定 气相色谱－质谱法
131	农业部 1063 号公告－ 5—2008	2008	饲料中9种糖皮质激素的测定 液相色谱－串联质谱法
132	农业部 1068 号公告－ 5—2008	2008	饲料中阿那曲唑的测定 高效液相色谱法
133	GB/T 21542—2008	2008	饲料中恩拉霉素的测定 微生物学法
134	GB/T 17480—2008	2008	饲料中黄曲霉毒素 B_1 的测定 酶联免疫吸附法
135	GB/T 8381—2008	2008	饲料中黄曲霉素 B_1 的测定 半定量薄层色谱法
136	GB/T 22260—2008	2008	饲料中甲基睾丸酮的测定 高效液相色谱串联质谱法谱法
137	农业部 1068 号公告－ 6—2008	2008	饲料中雷洛西芬的测定 高效液相色谱法
138	GB/T 22146—2008	2008	饲料中洛克沙胂的测定 高效液相色谱法
139	农业部 1068 号公告－ 4—2008	2008	饲料中氯米芬的测定 高效液相色谱法

续表

序号	标准编号	年份	标准名称
140	GB/T 22262—2008	2008	饲料中氯羟吡啶的测定 高效液相色谱法
141	农业部 1063 号公告－4—2008	2008	饲料中纳多洛尔的测定 高效液相色谱法
142	GB/T 22147—2008	2008	饲料中沙丁胺醇、莱克多巴胺和盐酸克仑特罗的测定 液相色谱质谱联用法
143	农业部 1068 号公告－7—2008	2008	饲料中士的宁的测定 气相色谱－质谱法
144	GB/T 23182—2008	2008	饲料中兽药及其他化学物检测试验规程
145	NY/T 1619—2008	2008	饲料中甜菜碱的测定 离子色谱法
146	GB/T 22259—2008	2008	饲料中土霉素的测定 高效液相色谱法
147	GB/T 22261—2008	2008	饲料中维吉尼亚霉素的测定 高效液相色谱法
148	GB/T 17812—2008	2008	饲料中维生素 E 的测定 高效液相色谱法
149	GB/T 13883—2008	2008	饲料中硒的测定
150	GB/T 21995—2008	2008	饲料中硝基咪唑类药物的测定 液相色谱－串联质谱法
151	GB/T 23187—2008	2008	饲料中叶黄素的测定 高效液相色谱法
152	GB/T 21514—2008	2008	饲料中脂肪酸含量的测定
153	GB/T 10649—2008	2008	微量元素预混合饲料混合均匀度的测定
154	GB/T 17481—2008	2008	预混料中氯化胆碱的测定

续表

序号	标准编号	年份	标准名称
155	NY/T 1799—2009	2009	菜籽饼粕及其饲料中噁唑烷硫酮的测定 紫外分光光度法
156	GB/T 23884—2009	2009	动物源性饲料中生物胺的测定 高效液相色谱法
157	GB/T 24318—2009	2009	杜马斯燃烧法测定饲料原料中总氮含量及粗蛋白质的计算
158	GB/T 23877—2009	2009	饲料酸化剂中柠檬酸、富马酸和乳酸的测定 高效液相色谱法
159	GB/T 23874—2009	2009	饲料添加剂木聚糖酶活力的测定 分光光度法
160	GB/T 23744—2009	2009	饲料中36种农药多残留测定 气相色谱－质谱法
161	GB/T 23741—2009	2009	饲料中四种巴比妥类药物的测定
162	GB/T 23882—2009	2009	饲料中 L－抗坏血酸 －2－磷酸酯的测定 高效液相色谱法
163	GB/T 23385—2009	2009	饲料中氨苄青霉素的测定 高效液相色谱法
164	NY/T 1757—2009	2009	饲料中苯骈二氮杂卓类药物的测定 液相色谱－串联质谱法
165	GB/T 23883—2009	2009	饲料中蓖麻碱的测定 高效液相色谱法
166	NY/T 1756—2009	2009	饲料中孔雀石绿的测定
167	GB/T 8381.7—2009	2009	饲料中喹乙醇的测定 高效液相色谱法
168	GB/T 23873—2009	2009	饲料中马杜霉素铵的测定
169	GB/T 17777—2009	2009	饲料中钼的测定 分光光度法

续表

序号	标准编号	年份	标准名称
170	GB/T 23743—2009	2009	饲料中凝固酶阳性葡萄球菌的微生物学检验 Baird- parker 琼脂培养基计数法
171	GB/T 23710—2009	2009	饲料中甜菜碱的测定 离子交换色谱法
172	GB/T 23742—2009	2009	饲料中盐酸不溶灰分的测定
173	GB/T 23737—2009	2009	饲料中游离刀豆氨酸的测定 离子交换色谱法
174	GB/T 23881—2009	2009	饲用纤维素酶活性的测定 滤纸法
175	GB/T 18634—2009	2009	饲用植酸酶活性的测定 分光光度法
176	农业部 1486 号公告— 7-2010	2010	饲料中九种磺胺类药物的测定 高效液相色谱法
177	农业部 1486 号公告— 5-2010	2010	饲料中阿维菌素药物的测定 液相色谱 – 质谱法
178	农业部 1486 号公告— 3-2010	2010	饲料中安普霉素的测定 高效液相色谱法
179	农业部 1486 号公告— 1-2010	2010	饲料中苯乙醇胺 A 的测定 高效液相色谱 – 串联质谱法
180	GB/T 26425—2010	2010	饲料中产气荚膜梭菌的检测
181	NY/T 1902—2010	2010	饲料中单核细胞增生李斯特氏菌的微生物学检验
182	GB/T 13882—2010	2010	饲料中碘的测定 硫氰酸铁 – 亚硝酸催化动力学法
183	GB/T 26426—2010	2010	饲料中副溶血性弧菌的检测
184	农业部 1486 号公告— 2—2010	2010	饲料中可乐定和赛庚啶的测定 液相色谱 – 串联质谱法

续表

序号	标准编号	年份	标准名称
185	GB/T 26427—2010	2010	饲料中蜡样芽孢杆菌的检测
186	农业部 1486 号公告－6-2010	2010	饲料中雷琐酸内酯类药物的测定 气相色谱－质谱法
187	农业部 1486 号公告－9-2010	2010	饲料中氯烯雌醚的测定 高效液相色谱法
188	农业部 1486 号公告－10-2010	2010	饲料中三唑仑的测定 气相色谱－质谱法
189	GB/T 17817—2010	2010	饲料中维生素 A 的测定 高效液相色谱法
190	GB/T 17818—2010	2010	饲料中维生素 D_3 的测定 高效液相色谱法
191	农业部 1486 号公告－8-2010	2010	饲料中硝基呋喃类药物的测定 高效液相色谱法
192	农业部 1486 号公告－4-2010	2010	饲料中硝基咪唑类药物的测定 液相色谱－质谱法
193	GB/T 26428—2010	2010	饲用微生物制剂中枯草芽孢杆菌的检测
194	农业部 1629 号公告－1-2011	2011	饲料中 16 种 $\beta-$受体激动剂的测定 液相色谱－串联质谱法
195	GB/T 27985—2011	2011	饲料中单宁的测定 分光光度法
196	GB/T 17814—2011	2011	饲料中丁基羟基茴香醚、二丁基羟基甲苯、乙氧喹和没食子酸 丙酯的测定
197	NY/T 2071—2011	2011	饲料中黄曲霉毒素、玉米赤霉烯酮和 T-2 毒素的测定液相色谱－串联质谱法
198	农业部 1629 号公告－2—2011	2011	饲料中利血平的测定 高效液相色谱法
199	SB/T 10778—2012	2012	动物饲料中莱克多巴胺的快速筛查 胶体金免疫层析法

续表

序号	标准编号	年份	标准名称
200	SB/T 10775—2012	2012	动物饲料中沙丁胺醇的快速筛查 胶体金免疫层析法
201	SB/T 10781—2012	2012	动物饲料中盐酸克伦特罗的快速筛查 胶体金免疫层析法
202	GB/T 28715—2012	2012	饲料添加剂酸性、中性蛋白酶活力的测定 分光光度法
203	GB/T 28715—2012	2012	饲料添加剂酸性、中性蛋白酶活力的测定 分光光度法
204	农业部1862号公告—4-2012	2012	饲料中五种聚醚类药物的测定 液相色谱、串联质谱法
205	农业部1730号公告—1-2012	2012	饲料中8种苯并咪唑类药物的测定 液相色谱－串联质谱法和液相色谱法
206	GB/T 28718—2012	2012	饲料中T-2毒素的测定 免疫亲和柱净化－高效液相色谱法
207	农业部1862号公告—1-2012	2012	饲料中巴氯芬的测定 液相色谱－串联质谱法
208	NY/T 2297—2012	2012	饲料中苯甲酸和山梨酸的测定 高效液相色谱法
209	GB/T 28717—2012	2012	饲料中丙二醛的测定 高效液相色谱法
210	农业部1862号公告—5-2012	2012	饲料中地克珠利的测定 液相色谱－串联质谱法
211	农业部1862号公告—6-2012	2012	饲料中喹喹酸的测定 高效液相色谱法
212	GB/T 28643—2012	2012	饲料中二噁英及二噁英类多氯联苯的测定 同位素稀释－高分辨气相色谱/高分辨质谱法
213	农业部1879号公告-2-2012	2012	饲料中磺胺氯吡嗪钠的测定 高效液相色谱法
214	GB/T 28642—2012	2012	饲料中沙门氏菌的快速检测方法 聚合酶链式反应（PCR）法

续表

序号	标准编号	年份	标准名称
215	农业部 1862 号公告－3-2012	2012	饲料中万古霉素的测定 液相色谱－串联质谱法
216	NY/T 2130—2012	2012	饲料中烟酰胺的测定 高效液相色谱法
217	GB/T 28716—2012	2012	饲料中玉米赤霉烯酮的测定 免疫亲和柱净化－高效液相色谱法
218	农业部 1862 号公告－2-2012	2012	饲料中唑吡旦的测定 高效液相色谱法／液相色谱－串联质谱法
219	SN/T 3496—2013	2013	动物源性饲料中转基因成分实时荧光 PCR 检测方法
220	SN/T 3648—2013	2013	饲料中呋喃唑酮、呋喃妥因、呋喃它酮、呋喃西林含量的检测方法 液相色谱法
221	SN/T 3649—2013	2013	饲料中氟喹诺酮类药物含量的检测方法 液相色谱－质谱／质谱法
222	SN/T 4021—2014	2014	出口鱼油和鱼饲料中毒杀芬残留量的检测方法
223	GB/T 18397—2014	2014	复合预混合饲料中泛酸的测定 高效液相色谱法
224	农业部 2086 号公告－2-2014	2014	饲料中醋酸氯地孕酮的测定 高效液相色谱法
225	农业部 2086 号公告－7-2014	2014	饲料中大观霉素的测定
226	农业部 2086 号公告－4-2014	2014	饲料中氟喹诺酮类药物的测定 液相色谱－串联质谱法
227	GB/T 30955—2014	2014	饲料中黄曲霉毒素 B_1、B_2、G_1、G_2 的测定 免疫亲和柱净化—高效液相色谱法
228	NY/T 2550—2014	2014	饲料中黄曲霉毒素 B_1 的测定 胶体金法
229	NY/T 2549—2014	2014	饲料中黄曲霉毒素 B_1 的测定 免疫亲和荧光光度法

续表

序号	标准编号	年份	标准名称
230	NY/T 2548—2014	2014	饲料中黄曲霉毒素 B_1 的测定 时间分辨荧光免疫层析法
231	农业部 2086 号公告 -5-2014	2014	饲料中卡巴氧、乙酰甲喹、喹烯酮和喹乙醇的测定 液相色谱 - 串联质谱法
232	农业部 2086 号公告 -6-2014	2014	饲料中硫酸粘杆菌素的测定 液相色谱 - 串联质谱法
233	NY/T 2656—2014	2014	饲料中罗丹明 B 和罗丹明 6G 的测定 高效液相色谱法
234	农业部 2086 号公告 -3-2014	2014	饲料中匹莫林的测定 高效液相色谱法
235	GB/T 6435—2014	2014	饲料中水分和其他挥发性物质含量的测定
236	GB/T 30945—2014	2014	饲料中泰乐菌素的测定 高效液相色谱法
237	GB/T 30945—2014	2014	饲料中泰乐菌素的测定 高效液相色谱法
238	GB/T 30956—2014	2014	饲料中脱氧雪腐镰刀菌烯醇的测定 免疫亲和柱净化—高效液相色谱法
239	GB/T 30957—2014	2014	饲料中赭曲霉毒素 A 的测定 免疫亲和柱净化—高效液相色谱法
240	SN/T 1201—2014	2014	饲料中转基因植物成分 PCR 检测方法
241	农业部 2086 号公告 -1-2014	2014	饲料中左炔诺孕酮的测定 高效液相色谱法
242	GB/T 18397—2014	2014	预混合饲料中泛酸的测定 高效液相色谱法
243	SN/T 0800.4—2015	2015	进出口粮食、饲料尿素酶活性检验方法
244	NY/T 2694—2015	2015	饲料添加剂氨基酸锰及蛋白锰络（螯）合强度的测定

续表

序号	标准编号	年份	标准名称
245	NY/T 2694—2015	2015	饲料添加剂氨基酸锰及蛋白锰络（螯）合强度的测定
246	NY/T 2694—2015	2015	饲料添加剂氨基酸锰及蛋白锰络（螯）合强度的测定
247	农业部 2349 号公告 -3-2015	2015	饲料中巴氯芬的测定 高效液相色谱法
248	农业部 2349 号公告 -8-2015	2015	饲料中二甲氧苄氨嘧啶、三甲氧苄氨嘧啶和二甲氧甲基苄氨嘧啶的测定 液相色谱—串联质谱法
249	农业部 2349 号公告 -5-2015	2015	饲料中磺胺类和喹诺酮类药物的测定 液相色谱—串联质谱法
250	GB/T 32141—2015	2015	饲料中挥发性盐基氮的测定
251	农业部 2349 号公告 -4-2015	2015	饲料中可乐定和赛庚啶的测定 高效液相色谱法
252	农业部 2349 号公告 -2-2015	2015	饲料中赛杜霉素钠的测定—柱后衍生高效液相色谱法
253	农业部 2349 号公告 -7-2015	2015	饲料中司坦唑醇的测定 液相色谱—串联质谱法
254	农业部 2349 号公告 -1-2015	2015	饲料中妥曲珠利的测定 高效液相色谱法
255	农业部 2349 号公告 -6-2015	2015	饲料中硝基咪唑类、硝基呋喃类和喹噁啉类药物的测定 液相色谱—串联质谱法
256	SN/T 0800.7—2016	2016	进出口粮食、饲料不完善粒检验方法
257	SN/T 0800.1—2016	2016	进出口粮油、饲料检验 抽样和制样方法

表4　配合饲料标准

序号	标准编号	年份	标准名称
1	LS/T 3401—1992	1992	后备母猪、妊娠猪、哺乳母猪、种公猪配合饲料
2	LS/T 3402—1992	1992	瘦肉型生长肥育猪配合饲料
3	LS/T 3403—1992	1992	水貂配合饲料
4	LS/T 3404—1992	1992	长毛兔配合饲料
5	LS/T 3408—1995	1995	肉兔配合饲料
6	LS/T 3410—1996	1996	生长鸭、产蛋鸭、肉用仔鸭配合饲料
7	SC/T 1030.7—1999	1999	虹鳟养殖技术规范 配合颗粒饲料
8	SC/T 2006—2001	2001	牙鲆配合饲料
9	SC/T 2007—2001	2001	真鲷配合饲料
10	SC/T 1047—2001	2001	中华鳖配合饲料
11	SC/T 1024—2002	2002	草鱼配合饲料
12	SC/T 2012—2002	2002	大黄鱼配合饲料
13	SC/T 2002—2002	2002	对虾配合饲料
14	SC/T 1026—2002	2002	鲤鱼配合饲料
15	SC/T 1056—2002	2002	蛙类配合饲料
16	SC/T 1066—2003	2003	罗氏沼虾配合饲料
17	SC/T 2031—2004	2004	大菱鲆配合饲料
18	SC/T 1076—2004	2004	鲫鱼配合饲料
19	SC/T 1025—2004	2004	罗非鱼配合饲料
20	SC/T 1073—2004	2004	青鱼配合饲料
21	SC/T 1074—2004	2004	团头鲂配合饲料
22	SC/T 1078—2004	2004	中华绒螯蟹配合饲料
23	SC/T 2053—2006	2006	鲍配合饲料

续表

序号	标准编号	年份	标准名称
24	SC/T 1072—2006	2006	长吻鮠配合饲料
25	NY/T 1344—2007	2007	山羊用精饲料
26	GB/T 5916—2008	2008	产蛋后备鸡、产蛋鸡、肉用仔鸡配合饲料
27	GB/T 23185—2008	2008	宠物食品 狗咬胶
28	GB/T 22544—2008	2008	蛋鸡复合预混合饲料
29	GB/T 22919.1—2008	2008	水产配合饲料 第1部分：斑节对虾配合饲料
30	GB/T 22919.2—2008	2008	水产配合饲料 第2部分：军曹鱼配合饲料
31	GB/T 22919.3—2008	2008	水产配合饲料 第3部分：鲈鱼配合饲料
32	GB/T 22919.4—2008	2008	水产配合饲料 第4部分：美国红鱼配合饲料
33	GB/T 22919.5—2008	2008	水产配合饲料 第5部分：南美白对虾配合饲料
34	GB/T 22919.6—2008	2008	水产配合饲料 第6部分：石斑鱼配合饲料
35	GB/T 22919.7—2008	2008	水产配合饲料 第7部分：刺参配合饲料
36	GB/T 5915—2008	2008	仔猪、生长肥育猪配合饲料
37	NY/T 1820—2009	2009	肉种鸭配合饲料
38	SC/T 1004—2010	2010	鳗鲡配合饲料
39	NY/T 2072—2011	2011	乌鳢配合饲料
40	GB/T 31217—2014	2014	全价宠物食品 猫粮
41	GB/T 31216—2014	2014	全价宠物食品 犬粮
42	NY/T 2693—2015	2015	斑点叉尾鮰配合饲料
43	GB/T 32140—2015	2015	中华鳖配合饲料

表5 精料补充料标准

序号	标准编号	年份	标准名称
1	LS/T 3405—1992	1992	肉牛精料补充料
2	LS/T 3406—1992	1992	肉用仔鹅精料补充料
3	LS/T 3409—1996	1996	奶牛精料补充料
4	GB/T 20807—2006	2006	绵羊用精饲料
5	NY/T 1245—2006	2006	奶牛用精饲料

表6 预混料标准

序号	标准编号	年份	标准名称
1	NY/T 903—2004	2004	肉用仔鸡、产蛋鸡浓缩饲料和微量元素预混合饲料
2	GB/T 20804—2006	2006	奶牛复合微量元素维生素预混合饲料
3	NY/T 1029—2006	2006	仔猪、生长肥育猪维生素预混合饲料

表7 评价方法标准

序号	标准编号	年份	标准名称
1	NY/T 1031—2006	2006	饲料安全性评价 亚急性毒性试验
2	NY/T 1023—2006	2006	饲料加工成套设备 质量评价技术规范
3	GB/T 21035—2007	2007	饲料安全性评价 喂养致畸试验
4	GB/T 22487—2008	2008	水产饲料安全性评价 急性毒性试验规程
5	GB/T 22488—2008	2008	水产饲料安全性评价 亚急性毒性试验规程
6	GB/T 23179—2008	2008	饲料毒理学评价 亚急性毒性试验

续表

序号	标准编号	年份	标准名称
7	GB/T 23390—2009	2009	水产配合饲料环境安全性评价规程
8	GB/T 23388—2009	2009	水产饲料安全性评价 残留和蓄积试验规程
9	GB/T 23389—2009	2009	水产饲料安全性评价 繁殖试验规程
10	GB/T 23186—2009	2009	水产饲料安全性评价 慢性毒性试验规程
11	GB/T 23387—2009	2009	饲草营养品质评定 GI 法
12	GB/T 26437—2010	2010	畜禽饲料有效性与安全性评价 强饲法测定鸡饲料表观代谢能技术规程
13	GB/T 26438—2010	2010	畜禽饲料有效性与安全性评价 全收粪法测定猪饲料表观消化能技术规程
14	GB/T 5193.3—2014	2014	食品安全国家标准 急性经口毒性试验
15	GB/Z 31813—2015	2015	饲料原料和饲料添加剂畜禽靶动物有效性评价试验技术指南
16	GB/Z 31812—2015	2015	饲料原料和饲料添加剂水产靶动物有效性评价试验技术指南
17	农业部办公厅通知	2011	饲料和饲料添加剂畜禽靶动物耐受性评价试验技术指南（试行）
18	农业部办公厅通知	2012	饲料和饲料添加剂评价数据由主要畜禽物种向次要畜禽物种外推的技术指南（试行）
19	农业部办公厅通知	2012	饲料和饲料添加剂水产靶动物耐受性评价试验指南（试行）

表 8　饲料机械标准

序号	标准编号	年份	标准名称
1	GB/T 20192—2006	2006	环模制粒机通用技术规范
2	NY 1025—2006	2006	青饲料切碎机安全使用技术条件
3	NY/T 1024—2006	2006	饲料混合机质量评价技术规范
4	NY/T 1554—2007	2007	饲料粉碎机质量评价技术规范
5	JB/T 11301—2012	2012	饲料机械 产品使用说明书
6	JB/T 11299—2012	2012	饲料机械 产品涂装通用技术条件
7	JB/T 11300—2012	2012	饲料机械 振动分级筛
8	NY/T 2195—2012	2012	饲料加工成套设备能耗限值
9	JB/T 6270—2013	2013	齿爪式饲料粉碎机
10	JB/T 11683—2013	2013	锤片式工业饲料粉碎机
11	JB/T 11684—2013	2013	锤片式饲料微粉碎机
12	JB/T 11687—2013	2013	单螺杆水产饲料膨化机
13	JB/T 11695—2013	2013	单螺杆水产饲料膨化机能效限值和能效等级
14	JB/T 11689—2013	2013	单轴桨叶式饲料混合机
15	JB/T 11691—2013	2013	单轴桨叶式饲料调质器
16	JB/T 11693—2013	2013	工业饲料粉碎机 能效限值和能效等级
17	JB/T 11694—2013	2013	桨叶式饲料混合机 能效限值和能效等级
18	JB/T 11692—2013	2013	桨叶式饲料调质器 试验方法
19	SN/T 3491—2013	2013	进口饲料和饲料添加剂标签查验规程
20	JB/T 5161—2013	2013	颗粒饲料压制机

续表

序号	标准编号	年份	标准名称
21	JB/T 6944.1—2013	2013	颗粒饲料压制机 第1部分：压模
22	JB/T 6944.2—2013	2013	颗粒饲料压制机 第2部分：压辊
23	JB/T 6944.3—2014	2013	颗粒饲料压制机 第3部分：压模安装型式与尺寸
24	JB/T 11685—2013	2013	立轴锤式饲料超微粉碎机
25	GB/T 30468—2013	2013	青饲料牧草烘干机组
26	JB/T 11686—2013	2013	双螺杆水产饲料膨化机
27	JB/T 11688—2013	2013	双轴桨叶式饲料混合机
28	JB/T 11690—2013	2013	双轴桨叶式饲料调质器
29	GB/T 30472—2013	2013	饲料加工成套设备技术规范
30	JB/T 10289—2013	2013	饲料膨化机
31	JB/T 9820—2013	2013	卧式饲料混合机
32	JB/T 11925—2014	2014	辊式颗粒饲料破碎机
33	JB/T 11930—2014	2014	饲料环模制粒机 环模 精度
34	JB/T 11931—2014	2014	饲料机械 斗式提升机
35	JB/T 11932—2014	2014	饲料机械 螺旋输送机
36	JB/T 11933—2014	2014	饲料机械 螺旋喂料器
37	JB/T 11934—2014	2014	饲料机械 埋刮板输送机
38	JB/T 11935—2014	2014	饲料机械 叶轮喂料器
39	JB/T 11936—2014	2014	添加剂预混合饲料成套设备技术规范

表9　饲料添加剂标准

序号	标准编号	年份	标准名称
1	NY 39—1987	1987	饲料级 *L*—赖氨酸盐酸盐
2	HG 2931 — 1987	1987	饲料级 丙酸钙
3	HG 2930—1987	1987	饲料级 丙酸钠
4	YY 0041—1991	1991	饲料添加剂 磺胺喹恶啉
5	YY 0040—1991	1991	饲料添加剂 盐酸氯苯胍
6	YY 0037—1991	1991	饲料添加剂维生素预混料通则
7	HG 2419—1993	1993	饲料用尿素
8	QB/T 1940—1994	1994	饲料 酵母
9	LY/T 1175—1995	1995	粉状松针膏饲料添加剂
10	MT/T 745—1997	1997	饲料添加剂用腐殖酸钠技术条件
11	GB/T 17243—1998	1998	饲料用螺旋藻粉
12	LY/T 1282—1998	1998	针叶维生素粉
13	HG 2936—1999	1999	饲料级 硫酸锰
14	HG 2932—1999	1999	饲料级 硫酸铜
15	HG 2937—1999	1999	饲料级 亚硒酸钠
16	HG 3634—1999	1999	饲料级 预糊化淀粉
17	GB/T 7292—1999	1999	饲料添加剂 维生素 A 乙酸酯微粒
18	HG 2933—2000	2000	饲料级 硫酸镁
19	HG 2934—2000	2000	饲料级 硫酸锌
20	HG 2940—2000	2000	饲料级 轻质碳酸钙
21	NY 399—2000	2000	饲料级 甜菜碱盐酸盐
22	HG 2939—2001	2001	饲料级 碘化钾
23	HG 2938—2001	2001	饲料级 氯化钴

续表

序号	标准编号	年份	标准名称
24	HG 3694—2001	2001	饲料级 乙氧基喹（乙氧基喹啉）
25	GB/T 7301— 2002	2002	饲料添加剂 烟酰胺
26	NY/T 723—2003	2003	饲料级 碘酸钾
27	GB/T 19370—2003	2003	饲料添加剂 1%β- 胡萝卜素
28	GB/T 18970—2003	2003	饲料添加剂 10%β,β- 胡萝卜 -4,4-二酮 (10% 斑蝥黄)
29	GB/T 19422—2003	2003	饲料添加剂 L- 抗坏血酸 -2- 磷酸酯
30	GB/T 19371.1—2003	2003	饲料添加剂 液态蛋氨酸羟基类似物
31	NY/T 722—2003	2003	饲料用酶制剂通则
32	GB/T 19424—2003	2003	天然植物饲料添加剂通则
33	NY/T 920—2004	2004	饲料级 富马酸
34	NY/T 917—2004	2004	饲料级 磷酸脲
35	HG/T 2941—2004	2004	饲料级 氯化胆碱
36	NY/T 916—2004	2004	饲料添加剂 吡啶甲酸铬
37	NY 930—2005	2005	饲料级 甲酸
38	HG/T 3774—2005	2005	饲料级 磷酸氢二铵
39	HG/T 3776—2005	2005	饲料级 磷酸一二钙
40	HG/T 3775—2005	2005	饲料级 硫酸钴
41	NY/T 931—2005	2005	饲料用乳酸钙
42	HG 2935—2006	2006	饲料级 硫酸亚铁
43	GB/T 7299— 2006	2006	饲料添加剂 D- 泛酸钙
44	GB/T 20802—2006	2006	饲料添加剂 蛋氨酸铜
45	GB/T 7297— 2006	2006	饲料添加剂 维生素 B_2（核黄素）

续表

序号	标准编号	年份	标准名称
46	GB/T 9841—2006	2006	饲料添加剂 维生素 B_{12}(氰钴胺) 粉剂
47	GB/T 7298—2006	2006	饲料添加剂 维生素 B_6
48	GB/T 7303—2006	2006	饲料添加剂 维生素 C(L-抗坏血酸)
49	NY/T 1246—2006	2006	饲料添加剂 维生素 D_3(胆钙化醇) 油
50	GB/T 9840—2006	2006	饲料添加剂 维生素 D_3 微粒
51	GB/T 7293—2006	2006	饲料添加剂 维生素 E 粉
52	GB/T 7300—2006	2006	饲料添加剂 烟酸
53	NY/T 1028—2006	2006	饲料添加剂 左旋肉碱
54	NY/T 1421—2007	2007	饲料级 双乙酸钠
55	NY/T 1462—2007	2007	饲料添加剂 β-阿朴-8'-胡萝卜素醛（粉剂）
56	NY/T 1447—2007	2007	饲料添加剂 苯甲酸
57	NY/T 1497—2007	2007	饲料添加剂 大蒜素（粉剂）
58	GB/T 21034—2007	2007	饲料添加剂 羟基蛋氨酸钙
59	NY/T 1461—2007	2007	饲料微生物添加剂 地衣芽孢杆菌
60	NY/T 1444—2007	2007	微生物饲料添加剂技术通则
61	GB/T 21979—2008	2008	饲料级 L-苏氨酸
62	GB/T 22548—2008	2008	饲料级 磷酸二氢钙
63	GB/T 22549—2008	2008	饲料级 磷酸氢钙
64	GB/T 21516—2008	2008	饲料添加剂 10%β-阿朴-8'-胡萝卜素酸乙酯（粉剂）
65	GB/T 23180—2008	2008	饲料添加剂 2%d-生物素
66	GB/T 22145—2008	2008	饲料添加剂 丙酸
67	GB/T 22489—2008	2008	饲料添加剂 蛋氨酸锰

续表

序号	标准编号	年份	标准名称
68	NY/T 1498—2008	2008	饲料添加剂 蛋氨酸铁
69	GB/T 21694—2008	2008	饲料添加剂 蛋氨酸锌
70	GB/T 22141—2008	2008	饲料添加剂 复合酸化剂通用要求
71	GB/T 21996—2008	2008	饲料添加剂 甘氨酸铁络合物
72	GB/T 21696—2008	2008	饲料添加剂 碱式氯化铜
73	GB/T 22546—2008	2008	饲料添加剂 碱式氯化锌
74	GB/T 22547—2008	2008	饲料添加剂 饲用活性干酵母（酿酒酵母）
75	GB/T 21515—2008	2008	饲料添加剂 天然甜菜碱
76	GB/T 21543—2008	2008	饲料添加剂 调味剂 通用要求
77	GB/T 7296— 2008	2008	饲料添加剂 维生素 B_1（硝酸硫胺）
78	GB/T 7295— 2008	2008	饲料添加剂 维生素 B_1（盐酸硫胺）
79	GB/T 9454— 2008	2008	饲料添加剂 维生素 E
80	GB/T 22143—2008	2008	饲料添加剂 无机酸通用要求
81	GB/T 21517—2008	2008	饲料添加剂 叶黄素
82	GB/T 7302— 2008	2008	饲料添加剂 叶酸
83	GB/T 22142—2008	2008	饲料添加剂 有机酸通用要求
84	GB/T 22144—2008	2008	天然矿物质饲料通则
85	GB/T 23181—2008	2008	微生物饲料添加剂通用要求
86	GB/T 17810—2009	2009	饲料级 DL—蛋氨酸
87	GB/T 23746—2009	2009	饲料级糖精钠
88	GB/T 23745—2009	2009	饲料添加剂 10% 虾青素
89	GB/T 23876—2009	2009	饲料添加剂 L– 肉碱盐酸盐
90	GB/T 24832—2009	2009	饲料添加剂 半胱胺盐酸盐 β 环糊精微粒
91	GB/T 23878—2009	2009	饲料添加剂 大豆磷脂

续表

序号	标准编号	年份	标准名称
92	GB/T 23747—2009	2009	饲料添加剂 低聚木糖
93	GB/T 23879—2009	2009	饲料添加剂 肌醇
94	GB/T 23880—2009	2009	饲料添加剂 氯化钠
95	GB/T 23735—2009	2009	饲料添加剂 乳酸锌
96	GB/T 9455—2009	2009	饲料添加剂 维生素 AD_3 微粒
97	GB/T 23386—2009	2009	饲料添加剂 维生素 A 棕榈酸酯粉
98	GB/T 7294—2009	2009	饲料添加剂 亚硫酸氢钠甲萘醌（维生素 K_3）
99	GB/T 23875—2009	2009	饲料用喷雾干燥血球粉
100	GB/T 25174—2010	2010	饲料添加剂 4′,7- 二羟基异黄酮
101	GB/T 18632—2010	2010	饲料添加剂 80% 核黄素（维生素 B_2）微粒
102	GB/T 25735—2010	2010	饲料添加剂 L- 色氨酸
103	GB/T 25865—2010	2010	饲料添加剂 硫酸锌
104	GB/T 26441—2010	2010	饲料添加剂 没食子酸丙酯
105	GB/T 25247—2010	2010	饲料添加剂 糖萜素
106	GB/T 26442—2010	2010	饲料添加剂 亚硫酸氢烟酰胺甲萘醌
107	HG/T 2860—2011	2011	饲料级 磷酸二氢钾
108	HG/T 2792—2011	2011	饲料级 氧化锌
109	HG/T 2418—2011	2011	饲料添加剂 碘酸钙
110	GB/T 27984—2011	2011	饲料添加剂 丁酸钠
111	GB/T 27983—2011	2011	饲料添加剂 富马酸亚铁
112	NY/T 2131—2012	2012	饲料添加剂 枯草芽孢杆菌
113	GB/T 31215—2014	2014	混合型饲料添加剂甜味剂通用要求
114	GB 32449—2015	2015	饲料添加剂 硫酸镁

表 10　饲料原料标准

序号	标准编号	年份	标准名称
1	NY/T 141—1989	1989	饲料用白三叶草粉
2	NY/T 138—1989	1989	饲料用蚕豆
3	NY/T 143—1989	1989	饲料用蚕豆茎叶粉
4	NY/T 135—1989	1989	饲料用大豆
5	NY/T 130—1989	1989	饲料用大豆饼
6	NY/T 116—1989	1989	饲料用稻谷
7	NY/T 121—1989	1989	饲料用甘薯干
8	NY/T 142—1989	1989	饲料用甘薯叶粉
9	NY/T 115—1989	1989	饲料用高粱
10	NY/T 134—1989	1989	饲料用黑大豆
11	NY/T 132—1989	1989	饲料用花生饼
12	NY/T 133—1989	1989	饲料用花生粕
13	NY/T 122—1989	1989	饲料用米糠
14	NY/T 123—1989	1989	饲料用米糠饼
15	NY/T 124—1989	1989	饲料用米糠粕
16	NY/T 129—1989	1989	饲料用棉籽饼
17	NY/T 139—1989	1989	饲料用木薯叶粉
18	NY/T 118—1989	1989	饲料用皮大麦
19	NY/T 136—1989	1989	饲料用豌豆
20	NY/T 128—1989	1989	饲料用向日葵仁饼
21	NY/T 127—1989	1989	饲料用向日葵仁粕
22	NY/T 117—1989	1989	饲料用小麦
23	NY/T 119—1989	1989	饲料用小麦麸

续表

序号	标准编号	年份	标准名称
24	NY/T 137—1989	1989	饲料用柞蚕蛹粉
25	NY/T 211—1992	1992	饲料用次粉
26	NY/T 214—1992	1992	饲料用胡麻籽饼
27	NY/T 215—1992	1992	饲料用胡麻籽粕
28	NY/T 210—1992	1992	饲料用裸大麦
29	NY/T 218—1992	1992	饲料用桑蚕蛹
30	NY/T 213—1992	1992	饲料用粟米（谷子）
31	NY/T 212—1992	1992	饲料用碎米
32	NY/T 216—1992	1992	饲料用亚麻饼
33	NY/T 217—1992	1992	饲料用亚麻粕
34	LS/T 3407—1994	1994	饲料用血粉
35	NY/T 417—2000	2000	饲料用低硫苷菜籽饼(粕)
36	NY/T 140—2001	2001	饲料用苜蓿干草粉
37	NY/T 685—2003	2003	饲料用玉米蛋白粉
38	GB/T 19164—2003	2003	鱼粉
39	NY/T 913—2004	2004	饲料级 混合油
40	GB/T 19541—2017	2017	饲料用大豆粕
41	NY/T 915—2004	2004	饲料用水解羽毛粉
42	NY/T 126—2005	2005	饲料用菜籽粕
43	GB/T 20715—2006	2006	犊牛代乳粉
44	GB/T 20411—2006	2006	饲料用大豆
45	GB/T 20193—2006	2006	饲料用骨粉及肉骨粉
46	SC/T3504—2006	2006	饲料用鱼油
47	NY/T 1580—2007	2007	饲料稻
48	NY/T 1563—2007	2007	饲料级 乳清粉

续表

序号	标准编号	年份	标准名称
49	GB/T 21264—2007	2007	饲料用棉籽粕
50	GB/T 22514—2008	2008	菜籽粕
51	GB/T 21695—2008	2008	饲料级　沸石粉
52	GB/T 17890—2008	2008	饲料用玉米
53	GB/T 23736—2009	2009	饲料用菜籽粕
54	GB/T 25866—2010	2010	玉米干全酒糟（玉米 DDGS）
55	NY/T 2218—2012	2012	饲料原料 发酵豆粕
56	SB/T 10998—2013	2013	饲料用桑叶粉
57	NY/T 120—2014	2014	饲料用木薯干

表 11　相关标准

序号	标准编号	年份	标准名称
1	SN/T 0798—1999	1999	进出口粮油、饲料检验 检验名词术语
2	SN/T 0799—1999	1999	进出口粮油、饲料检验 检验一般规则
3	SN/T 1019—2001	2001	出口宠物饲料检验规程
4	NY/T 5049—2001	2001	无公害食品 奶牛饲养管理准则
5	NY/T 5033—2001	2001	无公害食品 生猪饲养管理准则
6	SN/T 0800.20—2002	2002	进出境饲料检疫规程
7	SN/T 1204—2003	2003	植物产品及其加工产品转基因成分定性 PCR 检验方法
8	GB/T 20195—2006	2006	动物饲料　试样的制备

续表

序号	标准编号	年份	标准名称
9	NY/T 1448—2007	2007	饲料辐照杀菌技术规范
10	GB/T 22545—2008	2008	宠物干粮食品辐照杀菌技术规范
11	GB/Z 23738—2009	2009	GB/T 22000—2006 在饲料加工企业的应用指南
12	GB/T 19630.1—2011	2011	有机产品 第1部分：生产
13	GB/T 19630.2—2011	2011	有机产品 第2部分：加工
14	GB/T 19630.4—2011	2011	有机产品 第4部分：管理体系
15	SN/T 3087—2012	2012	出口饲料生产、加工、存放企业注册登记规程
16	NY/T 2122—2012	2012	肉鸭饲养标准
17	SN/T 3490—2013	2013	出口饲料生产、加工、存放企业检验检疫监管规程
18	SN/T 3489—2013	2013	境外饲料生产、加工、存放企业注册登记规范
19	GB/T 20014.10—2013	2013	良好农业规范 第10部分 家禽控制点与符合性规范
20	GB/T 20014.13—2013	2013	良好农业规范 第13部分 水产养殖基础控制点与符合性规范
21	GB/T 20014.14—2013	2013	良好农业规范 第14部分 水产池塘养殖基础控制点与符合性规范
22	GB/T 20014.15—2013	2013	良好农业规范 第15部分 水产工厂化养殖基础控制点与符合性规范
23	GB/T 20014.16—2013	2013	良好农业规范 第16部分 水产网箱养殖基础控制点与符合性规范

续表

序号	标准编号	年份	标准名称
24	GB/T 20014.17—2013	2013	良好农业规范 第17部分 水产围栏养殖基础控制点与符合性规范
25	GB/T 20014.18—2013	2013	良好农业规范 第18部分 罗非鱼池塘养殖控制点与符合性规范
26	GB/T 20014.19—2013	2013	良好农业规范 第19部分 罗非鱼池塘养础控制点与符合性规范
27	GB/T 20014.20—2013	2013	良好农业规范 第20部分 鳗鲡池塘养殖控制点与符合性规范
28	GB/T 20014.21—2013	2013	良好农业规范 第21部分 对虾池塘养殖控制点与符合性规范
29	GB/T 20014.22—2013	2013	良好农业规范 第22部分 鲆鲽工厂化养殖控制点与符合性规范
30	GB/T 20014.23—2013	2013	良好农业规范 第23部分 大黄鱼网箱养殖控制点与符合性规范
31	GB/T 20014.24—2014	2013	良好农业规范 第24部分 中华绒螯蟹围栏养殖控制点与符合性规范
32	GB/T 20014.6—2013	2013	良好农业规范 第6部分 畜禽基础控制点与符合性规范
33	GB/T 20014.7—2013	2013	良好农业规范 第7部分 牛羊控制点与符合性规范
34	GB/T 20014.8—2013	2013	良好农业规范 第8部分 奶牛控制点与符合性规范
35	GB/T 20014.9—2013	2013	良好农业规范 第9部分 猪控制点与符合性规范
36	SN/T 3774—2014	2014	牛的饲养、运输、屠宰动物福利规范
37	SN/T 3986—2014	2014	实验动物饲养、运输、使用过程中的动物福利规范

续表

序号	标准编号	年份	标准名称
38	NY/T 2605—2014	2014	饲料配方师
39	NY/T 2835—2015	2015	奶山羊饲养管理技术规范
40	NY/T 2806—2015	2015	饲料检验化验员
41	NY/T 2765—2015	2015	獭兔饲养管理技术规范